ISSN 0021-1915

16. JAHRGANG · SEITEN 277–312 · BERLIN SEPTEMBER 1980

IPRAX 16 16 (9) 277–312 (1980) 32036

9

isotopenpraxis

EVP 9,– M

AKADEMIE-VERLAG

An unsere Autoren

Die Zeitschrift veröffentlicht Beiträge zu folgenden Themen: Kontrolle und Analyse radioaktiver und stabiler Isotope, Anwendung radioaktiver und stabiler Isotope in allen Gebieten der Forschung und Technik, der Industrie, Landwirtschaft und Medizin, Herstellung radioaktiver und stabiler Isotope sowie von markierten Verbindungen, kernelektronische Geräte für die Isotopenanwendung (Dickenmesser, Dichtemesser u. ä.) Detektoren für isotopentechnische Arbeiten und den Strahlenschutz in Isotopenlaboratorien, Meßtechnik und Strahlenschutz, Dosimetrie in Isotopenlaboratorien, kerntechnische Geräte für die Isotopenanwendung (Betron, Bestrahlungsanlagen u. ä.), Strahlenchemie, Radiochemie, ökonomische und perspektivische Fragen, Fragen der Weiterbildung.

1. Aufnahme von Manuskripten

Zur Veröffentlichung angenommen werden nur druckreife, noch nicht anderweitig publizierte Beiträge in deutscher, englischer oder russischer Sprache zum Themenbereich der Zeitschrift und zwar

Originalarbeiten

Kurze Originalmitteilungen

Aus der Praxis

Zusammenfassende Berichte

Tagungsberichte

Informationen.

Sind der Beitrag oder Teile daraus bereits veröffentlicht oder ist eine anderweitige Veröffentlichung vorgesehen, so muß dies der Redaktion mit genauer Angabe der Zweitveröffentlichung mitgeteilt werden. Mit der Annahme des Manuskriptes behält sich der Verlag das Recht der Vervielfältigung, Verbreitung und Übersetzung innerhalb der gesetzlichen Schutzfrist vor. Auszugsweiser Nachdruck oder photomechanische u. a. Wiedergabe sind an eine schriftliche Genehmigung des Verlages gebunden. Manuskripte, Zeichnungen und Photos von veröffentlichten Arbeiten werden nur auf den besonderen und bis zum Zeitpunkt der Veröffentlichung mitgeteilten Wunsch des Autors zurückgesandt.
Bei der unverlangten Einreichung von Manuskripten wird empfohlen, eine Befürwortung eines der Herausgeber oder Redaktionsausschußmitglieder beizufügen.
Manuskripte sind einzureichen bei der Redaktion, DDR-1080 Berlin, Leipziger Str. 3–4.

2 Form der Manuskripte

Die Autoren werden gebeten:
2 Manuskripte, eines davon in Original-Maschinenschrift, einseitig und mit 2zeiligem Abstand einzureichen; gut leserliche Photokopien sind zulässig; auf dem 1. Blatt (unter Weglassung der Bezeichnung)
den Titel der Arbeit
Vorname-Initialen und Namen sämtlicher Autoren
gegebenenfalls die Institution, in der sie tätig sind
eine kurze Zusammenfassung der Arbeit von höchstens 15 Zeilen
Keywords in alphabetischer Reihenfolge und
als Fußnote die Anschrift der Institution anzugeben;
wenn möglich auf gesonderten Blättern Namen, Titel der Arbeit und Zusammenfassung in den beiden anderen obengenannten Sprachen 2fach beizufügen;
Literaturhinweise (fortlaufend numeriert), Fußnoten, Tabellen, Abbildungen (in etwa 2facher Veröffentlichungsgröße), Abbildungsunterschriften (getrennt von den Abbildungen, mit Zeichenerklärungen, Quellenangaben, falls erforderlich, und gegebenenfalls mit einem Vermerk für besondere Wünsche bezüglich der Abbildungsgröße), private und Dienstanschrift der Verfasser mit akademischen Titeln und ausgeschriebenen Vornamen auf besonderen Blättern ans Ende des Manuskriptes zu stellen;

Wünsche für den Kolumnentitel (Seitenüberschrift) bekanntzugeben;
Absätze durch Einzüge von mindestens 3 Anschlägen kenntlich zu machen;
die Maßeinheiten des SI-Systems ("Systéme International") zu verwenden;
Korrekturen im Manuskript unmittelbar an der zu korrigierenden Stelle anzubringen;
Formeln deutlich lesbar und möglichst groß einzutragen;
Farbabbildungen und nachträgliche Änderungen oder Ergänzungen in Abbildungen zu vermeiden;
hervorzuhebende Textstellen zu unterstreichen, und zwar halbfetten Satz mit einer geraden schwarzen Linie, kursiven Satz (Schrägschrift) mit einer blauen Wellenlinie (alle Eigennamen). Sperrungen gestrichelt;
besondere Buchstaben durch farbige Unterstreichung zu kennzeichnen, und zwar Formelzeichen in

Griechisch-Kursiv (α, β, ...) rot,

Kursiv (A, B, ...) blau

halbfetter Kursiv ($\boldsymbol{A}$, $\boldsymbol{B}$, ...) 2 Linien blau (Vektoren),

halbfetter Grotesk (A, B, ...) 2 Linien violett (Tensoren);

bei Literaturangaben auf Vollständigkeit zu achten. In nachstehender Reihenfolge müssen angegeben sein:

a) bei *Zeitschriften*: Vorname-Initialen und Namen sämtlicher Autoren, Titel der Zeitschrift (nach „Periodica Chimica" oder möglichst wenig gekürzt), Bandnummer (unterstrichen), Jahreszahl (in Klammern), Heftnummer (nur bei Zeitschriften, die jedes Heft mit S. 1 beginnen) sowie die Seitenzahl, auf der die zitierte Arbeit beginnt.

b) bei *Büchern*: Initialen der Vornamen und Name des Autors (Herausgeber werden durch den Zusatz „ed." gekennzeichnet), voll ausgeschriebener Titel des Buches in der Originalsprache, evtl. Bandnummer, voll ausgeschriebener Name des Verlages, Nummer der Auflage (außer der ersten), Erscheinungsort(e), Erscheinungsjahr (hier nicht in Klammern setzen!) und evtl. Kapitelnummer, Seitenzahl u. ä.

c) bei *Sammelbänden, Tagungsberichten*: Es soll zusätzlich der Titel des zitierten Beitrags angegeben werden. Die Seitenzahl muß unbedingt angegeben werden. Aus dem Zitat muß hervorgehen, ob es sich um einen Tagungssammelband oder um einen noch nicht veröffentlichten Vortrag handelt. Zwischen Tagungsort und Erscheinungsort des entsprechenden Tagungsberichts ist zu unterscheiden.

3. Korrekturen

Der Autor erhält zwei Umbruchabzüge, von denen einer möglichst schnell korrigiert an die Redaktion zurückgereicht werden soll. Auf Wunsch des Autors kann die Korrektur auch von der Redaktion gelesen werden.

Durch nachträgliche Manuskriptänderungen verursachte Korrekturkosten gehen, sofern sie 10% der Satzkosten übersteigen zu Lasten des Autors.

Der Autor erhält 50 Sonderdrucke kostenlos. Weitere Sonderdrucke können bis zur Rückgabe der Korrekturabzüge auf Kosten des Autors bei der Redaktion bestellt werden.

Bezugsmöglichkeiten

Bestellungen sind zu richten

- **in der DDR** an den Postzeitungsvertrieb; an eine Buchhandlung oder an den AKADEMIE-VERLAG, DDR-1080 Berlin, Leipziger Straße 3–4
- **im sozialistischen Ausland** an eine Buchhandlung für fremdsprachige Literatur oder an den zuständigen Postzeitungsvertrieb
- **in der BRD und Westberlin** an eine Buchhandlung oder an die Auslieferungsstelle KUNST UND WISSEN, Erich Bieber, 7000 Stuttgart 1, Wilhelmstraße 4–6
- **in Österreich** an den Globus-Buchvertrieb, 1201 Wien, Höchstädtplatz 3
- **in den übrigen westeuropäischen Ländern** an eine Buchhandlung oder an die Auslieferungsstelle KUNST UND WISSEN, Erich Bieber GmbH, CH-8008 Zürich/Schweiz, Dufourstraße 51
- **im übrigen Ausland** an den Internationalen Buch- und Zeitschriftenhandel; den Buchexport, Volkseigener Außenhandelsbetrieb der Deutschen Demokratischen Republik, DDR-7010 Leipzig, Postfach 160, oder an den AKADEMIE-VERLAG, DDR-1080 Berlin, Leipziger Straße 3–4

Zeitschrift „Isotopenpraxis"

Herausgeber: Im Auftrag des Akademie-Verlages herausgegeben von Prof. Dr. Justus Mühlenpfordt und Prof. Dr. Carl Friedrich Weiss
Verlag: Akademie-Verlag, DDR-1080 Berlin, Leipziger Straße 3–4; Fernruf 2236221 oder 2236229; Telex-Nr. 114420;
Bank: Staatsbank der DDR, Berlin, Kto.-Nr.: 6836-26-20712
Chefredakteur: Dr. Klaus Uhlig, Berlin
Anschrift der Redaktion (Fernruf: 6351177) der Zeitschrift Isotopenpraxis: Akademie-Verlag, DDR-1080 Berlin, Leipziger Str. 3–4
Veröffentlicht unter der Lizenznummer 1527 des Presseamtes beim Vorsitzenden des Ministerrates der Deutschen Demokratischen Republik
Gesamtherstellung: VEB Druckerei „Thomas Müntzer", DDR-5820 Bad Langensalza
Erscheinungsweise: Die Zeitschrift „Isotopenpraxis" erscheint monatlich. Die 12 Hefte eines Jahrganges bilden einen Band. Bezugspreis je Band 180,— M zuzüglich Versandspesen (Preis für die DDR 108,— M), Preis je Heft 15,— (Preis für die DDR 9,— M)
Bestellnummer dieses Heftes: 1079/16/9

AN (EDV) 12831

ISOTOPENPRAXIS ISSN 0021-1915

Band **16** (1980) Heft 9, S. 277–312

Redaktion und Verlag: Akademie-Verlag, Redaktion Isotopenpraxis, 1080 Berlin, Leipziger Straße 3–4

Inhaltsverzeichnis

ISOTOPENPRAXIS

Band **16** (1980) Heft 9, S. 277–312

Redaktion und Verlag: Akademie-Verlag, Redaktion Isotopenpraxis, 1080 Berlin, Leipziger Straße 3–4

Contents

Содержание

Fortschrittsberichte

STAND UND ENTWICKLUNGSTENDENZEN AUF DEM GEBIET DER ISOTOPENANWENDUNG

Anwendung radioaktiver Methoden in der Halbleiterforschung und -technik

K. Thiemt

(Technische Universität Dresden, Sektion Chemie)[1])

Die Anwendung radioaktiver Methoden in der Festkörperforschung und in der Halbleitertechnik für die Analytik der Grund- und Hilfsmaterialien und für die Untersuchung und Optimierung fertigungsgerechter Verfahren hat immer mehr an Bedeutung gewonnen. Durch Beispiele aus der Literatur werden die Technik ihrer Anwendung und die erhaltenen Ergebnisse dargestellt.

Keywords

activation analysis; impurities; isotope applications; purification; reviews; semiconductor devices; semiconductor materials; solid state physics; tracter techniques

1. Einleitung

Nach dem Bändermodell wird als Halbleiter bekanntlich ein Material definiert, bei dem die *FERMI*-Energie der Elektronen für beliebig niedrige Temperaturen innerhalb der verbotenen Zone liegt. Eine ältere Einteilung der Festkörper nach der Größe ihrer elektrischen Leitfähigkeit in Metalle, Halbleiter und Isolatoren erwies sich als nicht eindeutig. Im allgemeinen besitzen Halbleiter Leitfähigkeiten, die bei Zimmertemperatur zwischen 10^{+3} $(\Omega cm)^{-1}$ und 10^{-8} $(\Omega cm)^{-1}$ schwanken. Eine außerordentlich wichtige Gruppe von ihnen hat wie die Metalle die Eigenschaft, Elektrizitätsleitung ohne erkennbaren Materialtransport zu ermöglichen; die elektronischen Halbleiter. Sie unterscheiden sich von den Metallen dadurch, daß ihre Leitfähigkeit meist mit steigender Temperatur und steigender Verunreinigung zunimmt. Die Möglichkeit, die Leitfähigkeit durch bestimmte Verunreinigungen in weiten Grenzen und bestimmter Weise zu variieren, erlaubte überhaupt erst die Herstellung von Halbleiterbauelementen.

Der reine Halbleiter, Eigenhalbleiter, ist dadurch gekennzeichnet, daß wegen der nach außen hin elektrischen Neutralität die Zahl der Elektronen n gleich der Zahl der Defektelektronen p, auch Löcher genannt, ist. Da beim störstellenfreien Kristall nur Ladungsträgerpaare entstehen und verschwinden, sind beide gleich einer bestimmten Größe n_i, der Eigenleitungs- oder Inversionsdichte. Diese Inversionsdichte ist für jeden Halbleiter eine stoffeigene, temperaturabhängige Zahl. Für Silizium beträgt sie bei 300 K $1{,}3 \cdot 10^{10}$ cm^{-3}, für Germanium $2{,}5 \cdot 10^{13}$ cm^{-3} [1, 2]. Einen Unterschied in den Löcher- und Elektronenkonzentrationen erreicht man in erwünschter oder unerwünschter Weise durch den Einbau von Störstellen. Sind solche Änderungen an n und p auf Verunreinigungen zurückzuführen, so bedeutet das für den Analytiker, Bestimmungen von Fremdelementen je nach Halbleitermaterial bis herab zu Konzentrationen von etwa $5 \cdot 10^{-10}$ Atom-% durchführen zu müssen. Abgesehen von den analytischen Problemen spiegeln diese Zahlen zugleich auch die extremen Reinheitsforderungen an die Präparation der Halbleitermaterialien wider.

Die Anwendung von Radionukliden als Hilfsmittel bei der Lösung bestimmter Halbleiterprobleme ist durch die Aktivierungsanalyse und die Radiotracerverfahren gegeben.

2. Aktivierungsanalyse und Radiotracertechnik

Die durch Wechselwirkung von Atomkernen mit Kernteilchen erzeugte künstliche Radioaktivität und deren strahlenmeßtechnische Analyse ist das Prinzip der Aktivierungsanalyse, die die Ermittlung sehr geringer Stoffmengen ermöglicht [3]. Aufgrund der eindeutig ablaufenden Kernreaktionen ist über die Bestimmung der erzeugten Nuklide auch oft die der Ausgangskomponenten direkt möglich. Infolge ihrer hohen Nachweisempfindlichkeit, bis zu 10^{-13} g eines Elements, ist die Aktivierungsanalyse für die Untersuchung von Halbleitern besonders geeignet [4]. Für die Leistungsfähigkeit dieser Methode ist jedoch nicht die meßseitige Erfassung so geringer Mengen entscheidend, sondern vielmehr die Tatsache, daß sich die radioaktiven Mengen ohne unkontrollierte Verluste und ohne Einschleppen von Blindwerten von allen störenden Begleitern abtrennen und damit hochempfindlich messen lassen. Durch den Einsatz moderner Meßverfahren wie der hochauflösenden γ-Spektroskopie können auch zerstörungsfreie Analysen durchgeführt werden [5]. Der notwendige Aufwand hängt von der Matrix und von der Anzahl und der Art der zu bestimmenden Elemente ab. Im allgemeinen erfolgt die Bestrahlung mit thermischen Neutronen, weil die Neutronenaktivierungsanalyse das zuverlässigste Analysenverfahren bei der Bestimmung geringster Gehalte einer großen Anzahl von Elementen ist [6]. Anstelle von Neutronen lassen sich auch geladene Kernteilchen und Photonen verwenden. Infolge der geringen Eindringtiefe dieser Teilchen in das Material ist es jedoch nicht möglich, die Konzentration über das gesamte Volumen der Probe hinweg zu bestimmen. Die Aktivierungsanalyse mit ge-

[1]) Anschrift: 8027 Dresden, Mommsenstr. 13

ladenen Teilchen wird deshalb vorteilhaft zur Analyse von Oberflächenschichten und zur Bestimmung der leichten Elemente B, C, N, O eingesetzt.

Eine andere Anwendung von Radionukliden ist durch die Radiotracertechnik gegeben. Durch Zusatz eines seiner radioaktiven Isotope läßt sich der Weg oder das Verhalten eines Elementes in einem physikalischen oder chemischen Prozeß anhand der von ihm ausgesandten Strahlung verfolgen. Da sich bei den meisten Elementen hohe spezifische Aktivitäten erreichen lassen, sind auch mit dem Radioindikatorverfahren sehr geringe Stoffmengen nachweisbar.

Ob nun die Indizierung der interessierenden Elemente zusammen mit der Matrix durch Bestrahlung im Reaktor erfolgt oder markierte Elemente in geeigneter Weise in die Matrix eingebaut werden, wird durch die zu lösende Aufgabe bestimmt. Im allgemeinen sollte man der Indizierung durch Zugabe markierter Elemente den Vorrang geben, da die erreichbare Empfindlichkeit sehr hoch ist und außerdem bei direkter Aktivierung in der Matrix andere Verunreinigungen der Matrix und diese selbst aktiviert werden können, wodurch die Analyse häufig erst nach dem Abklingen störender Aktivitäten möglich wird. Die Radiotracermethode eignet sich sehr gut zur Markierung von Elementen in der Lösung, bereitet jedoch gewisse Schwierigkeiten, wenn markierte Elemente in einen Feststoff eingebaut werden sollen, eine Aufgabe, die in der Halbleitertechnik oft vorkommt. Für die Indizierung von Elementen in Feststoffen verwendet man deshalb vorteilhaft die Bestrahlung mit thermischen Neutronen, insbesondere dann, wenn die Konzentration des zu untersuchenden Elements in der Matrix nicht geändert werden und bei der notwendigen Markierung eines Elements, das in einem Feststoff eingebaut ist, die Gleichverteilung aktiver und inaktiver Atome gewährleistet bleiben soll.

Die Messung der radioaktiven Strahlung selbst ist dank der hochentwickelten elektronischen Meßtechnik relativ problemlos, so daß sie meist in sehr einfacher Form und schnell durchgeführt werden kann. Für Halbleiteruntersuchungen als besonders geeignet hat sich die Autoradiographie erwiesen. Die durch diese Methode gegebene Lokalisierung der Radionuklide ermöglicht es, die Verteilung von Fremdstoffen in festen Phasen zu bestimmen [7]. Dabei läßt sich ohne großen Aufwand eine örtliche Auflösung bis zu 5 μm erreichen. Das Verfahren kann ohne Schwierigkeiten nach verschiedenen Verfahrensschritten benutzt werden, wenn die Indizierung durch Einbringen eines radioaktiv markierten Elements vorgenommen wurde. Schwierigkeiten können sich jedoch bei Markierung durch Neutronenaktivierung ergeben, da die Strahlung anderer Elemente nicht unterdrückt werden kann.

Die Möglichkeiten der Anwendung radioaktiver Methoden in der Halbleiterforschung und -technik sollen im folgenden an Beispielen aufgezeigt werden.

3. Möglichkeiten der Anwendung radioaktiver Methoden in der Halbleitertechnik

3.1. Untersuchung der Reinheit des Ausgangsmaterials

Wie bereits oben angegeben, sind vor allem solche Verunreinigungen festzustellen, die als Akzeptoren oder Donatoren in Konzentrationen über dem genannten Pegel der Inversionsdichte die elektrischen Eigenschaften des Halbleiters entscheidend beeinflussen. Das betrifft sowohl das Grundmaterial als auch die Hilfsstoffe, die während der Bauelementeherstellung eingesetzt werden. Zur Bestimmung der Konzentration der Fremdelemente in diesen Stoffen hat sich insbesondere die Aktivierungsanalyse bewährt, da oft mehrere interessierende Elemente in derselben Probe erfaßt werden müssen, meist nur kleine Probenmengen zur Verfügung stehen und bei möglichst niedrigem Arbeitsaufwand eine relativ hohe Genauigkeit erreicht werden soll.

Bei dem heutigen Stand der radioaktiven Meßtechnik wird man zunächst eine simultane Erfassung der Spurenverunreinigungen mit Hilfe der hochauflösenden γ-Spektrometrie versuchen. Werden jedoch bei der Bestrahlung mit thermischen Neutronen die spezifischen Matrixaktivitäten sehr hoch, so daß das Signal der zu analysierenden Komponente im Rauschen der Matrix verschwindet, kann der Nachweis der langlebigen Radioisotope der Elemente Ag, Cd, Co, Cr, Fe, Hg, Ni, Zn u. a. nach dem Abklingen der kurzlebigen Matrixaktivität erfolgen. Müssen dagegen Elemente wie Mn, Cu, Ge u. a. über kurzlebige Radioisotope gemessen werden, sind die aktivierten Proben gleich nach Bestrahlungsende chemisch aufzuarbeiten, damit die Matrix abgetrennt wird. Die nach Abtrennung der Matrix durchzuführenden chemischen Trennungsvorgänge werden in Abwandlung der klassischen Möglichkeiten den jeweiligen Erfordernissen angepaßt. Einer der ersten Trennungsgänge in der Halbleiteranalyse überhaupt war der zur Analyse von rotem Phosphor [8]. Die Verunreinigungsgehalte dieses Elements sind deshalb so interessant, weil roter Phosphor einer der wichtigsten zur Dotierung von Halbleitermaterialien eingesetzten Stoffe ist. Das Guppenschema eines allgemeinen Trennungsganges, daß je nach Matrix und den speziellen Anforderungen an die Analyse variiert werden kann, ist in Abb. 1 zu sehen [2]. Als besonders problematisch erwies sich die Herstellung von reinstem Galliumarsenid und die aktivierungsanalytische Bestimmung der Spurenverunreinigungen dieser Verbindung

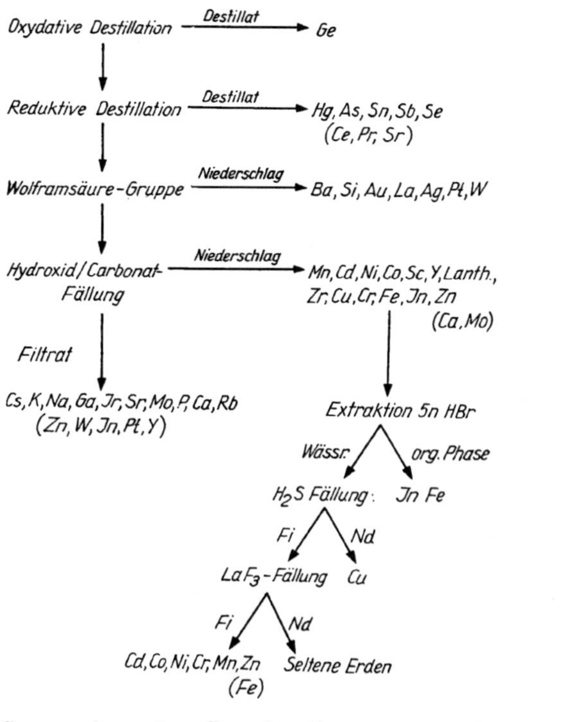

Abb. 1. Gruppenschema eines allgemeinen Trennungsganges [2]

Tab. 1. Nachweisgrenzen einiger Elemente bei der Aktivierung mit thermischen Neutronen (Neutronenfluß $\Phi = 10^{12}$ ncm^{-2} s^{-1}

Element	Nachweisgrenze μg	Element	Nachweisgrenze μg
Na	10^{-3}	As	$3 \cdot 10^{-4}$
Mg	$2 \cdot 10^{-1}$	Se	$3 \cdot 10^{-2}$
Al	10^{-4}	Mo	$2 \cdot 10^{-2}$
Si	$2 \cdot 10^{-1}$	Ag	$6 \cdot 10^{-2}$
P	10^{-2}	In	$2 \cdot 10^{-5}$
Cl	10^{-2}	Sn	$3 \cdot 10^{-2}$
K	10^{-2}	Sb	10^{-3}
V	$2 \cdot 10^{-3}$	Te	$2 \cdot 10^{-2}$
Cr	10^{-1}	Cs	$7 \cdot 10^{-3}$
Mn	10^{-4}	Ta	$4 \cdot 10^{-3}$
Fe	5	W	$7 \cdot 10^{-3}$
Co	$3 \cdot 10^{-3}$	Ir	$7 \cdot 10^{-5}$
Ni	$2 \cdot 10^{-2}$	Pt	$2 \cdot 10^{-2}$
Cu	10^{-3}	Au	$7 \cdot 10^{-5}$
Zn	$2 \cdot 10^{-2}$	Tl	10^{-1}
Ga	10^{-3}	Pb	3
Ge	10^{-2}	Bi	10^{-1}

da sowohl Ga als auch As bei der Bestrahlung mit thermischen Neutronen hohe spezifische Matrixaktivitäten ergeben [9—11]. Die erzielten Nachweisgrenzen für die einzelnen Elemente sind in Tab. 1 zusammengestellt [4]. Für die Aktivierungsanalyse von Ge und GeO_2 ist ebenfalls eine erhebliche Aktivierung der Matrixsubstanz charakteristisch, so daß es wie bei der Analyse von Ga und GaAs zweckmäßig ist, die Verunreinigungsbestimmungen in zwei Gruppen vorzunehmen, die sich aus den Halbwertszeichen der zur Messung herangezogenen Radioisotope ergeben. *Neve* und Mitarbeiter [12] bestimmten aktivierungsanalytisch Ag, Sn, Cr, Sb, Sc, Zn und Co zerstörungsfrei in Germanium. *Hoste* untersuchte Spurenverunreinigungen in GeO_2-Proben und Selen [3]. Auch zur Bestimmung von Spurenverunreinigungen in Silizium und Siliziumdioxid wird mit Erfolg die Aktivierungsanalyse eingesetzt [13]. Welche grundsätzlichen Möglichkeiten dieses Verfahrens hierfür bietet, wird von *Gebauhr* [14] am Beispiel der Bestimmung von 30 Elementen in hochreinem Silizium gezeigt. Über die Bestimmung von Kupfer in SiO_2-Proben berichtet *Hoffmeister* [15].

Nach Feststellung der Verunreinigungen ist es meist notwendig, durch umfangreiche Reinigungsoperationen die erforderliche Reinheit der Halbleiter- und Hilfsmaterialien zu erreichen. Dazu ist eine Vielzahl von Verfahren entwickelt worden. Zum Vergleich ihrer Wirksamkeit, zu ihrer Optimierung sowie zur Aufdeckung von Verunreinigungsquellen wird vorteilhaft die Radiotracertechnik eingesetzt. In Abb. 2 sind die von *Gebauhr* und *Spang* [16] bei der Untersuchung der Reinigung von Antimon für die Elemente As, Bi, Cu, Fe, S, Se und Zn erhaltenen Ergebnisse wiedergegeben. Es konnte gezeigt werden, daß dabei nicht wie bisher angenommen die Hydrolyse, sondern die Destillation das wirksamste Reinigungsverfahren darstellt. *Martin* und *Haas* [17] setzten die Indikatormethode erfolgreich zur Optimierung des Herstellungsverfahrens von Reinstsilizium ein. Sie stellten fest, daß der im Silizium gefundene Kohlenstoff hauptsächlich dem Chlor-Silan Gemisch entstammt und daß sauerstoffreie Kohlenstoffverbindungen einen wesentlich höheren Beitrag zur Verunreinigung des Siliziums beisteuern als die sauerstoffhaltigen. Über die Abtrennung von Spurenverunreinigungen am Halbleiter-Selen mit Hilfe von Ionenaustauschern berichteten *Koch* und *Schulze* [18].

Neben den naßchemischen Verfahren sind auch Verfahren zur Reinigung des kompakten Halbleitermaterials entwickelt worden. Dabei hat sich insbesondere das Zonenschmelzverfahren bewährt, das auf der unterschiedlichen Verteilung der meisten Verunreinigungselemente zwischen flüssiger und fester Phase der Matrix beruht. Wenn sich die Verunreinigungen in der flüssigen Phase anreichern, werden diese, wenn man eine dünne aufgeschmolzene Zone durch das als Stab ausgebildete Material führt, zum Stabende transportiert. Damit können durch mehrmaliges Wiederholen des Zonendurchlaufs in gleicher Richtung die Fremdelemente aus dem übrigen Teil des Stabes abgereichert werden. Über die Wirksamkeit des Verfahrens entscheidet der Verteilungskoeffizient der einzelnen Elemente. Zu seiner Bestimmung kann vorteilhaft die radioaktive

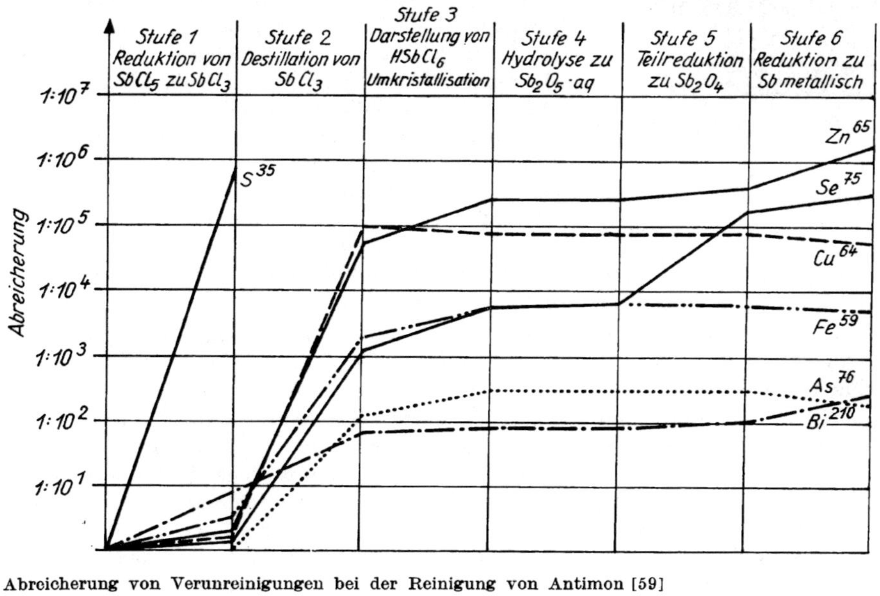

Abb. 2. Abreicherung von Verunreinigungen bei der Reinigung von Antimon [59]

Indikatormethode benutzt werden. Beispielsweise bestimmten *Burton* und Mitarbeiter [19] die Verteilungskoeffizienten von Verunreinigungen in Germanium, *Mosami* [20] die von Selen und Zink in Indiumarsenid. Die Konzentrationsermittlung erfolgt dabei oft durch Autoradiographie.

3.2. Untersuchung der Verteilung von Fremdelementen in Halbleitereinkristallen sowie in Epitaxie- und Oxidschichten des Halbleitermaterials

Die Bestimmung der Verteilung von Verunreinigungselementen und Dotierungsstoffen ist für die Beurteilung der Wirkungen dieser Stoffe in den elektronischen Bauelementen von Bedeutung. Konzentrierungen an den Oberflächen oder inhomogene Verteilungen unterscheiden sich von der gleichmäßigen Verteilung im Volumen auch in ihrem Einfluß auf das Halbleiterverhalten. Neben der Anwendung chemischer und aufwendiger physikalischer Verfahren können radioaktiv sowohl die Konzentration der Fremdstoffe als auch kleinste Inhomogenitäten nachgewiesen werden. Dafür eignen sich die Aktivierungsanalyse und die Indikatormethode gleichermaßen. Die Aktivierungsanalyse hat dabei den Vorteil, daß nicht mit radioaktivem Material in den Apparaturen gearbeitet werden muß. Nachteilig jedoch ist, daß meist eine autoradiographische Auswertung der aktivierten Stoffe nicht ausreicht, sondern chemische Trennungsgänge und aufwendige Aktivitätsbestimmungen und Auswertemethoden erforderlich sind. Das Indikatorverfahren dagegen läßt sich für nahezu alle interessierenden Fremdelemente zerstörungsfrei durchführen und verlangt lediglich einfache Impulszählmethoden oder die Autoradiographie zum Nachweis der Verteilung der Fremdstoffe.

Bullis und *Harrop* [21] untersuchten mit Hilfe der Radiotracertechnik den Einbau von Germanium in Indiumantimonid, *Yoshida* und *Furusho* [22] die Verteilung von Nickel in Silizium. Durch Aktivierungsanalyse gelang es, die Verteilung von Phosphor, Gold und Kupfer in Siliziumeinkristallen zerstörungsfrei zu bestimmen und die Inhomogenitäten durch Autoradiographie eindeutig zuzuordnen [23, 24]. Abb. 3 zeigt die Verteilung von Kohlen-

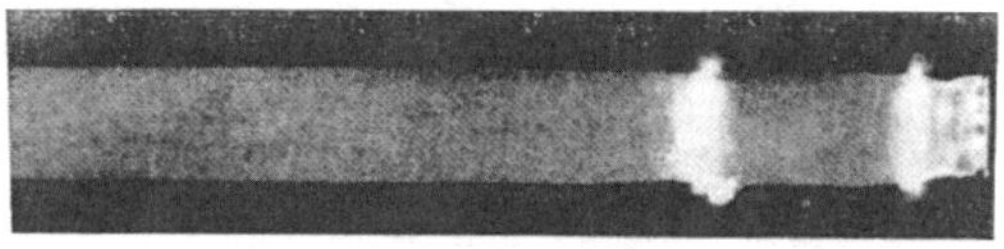

Abb. 3. Autoradiographie von ^{14}C-Zonen am Ende eines Siliziumstabes [2]

stoff über die Länge eines nach dem Zonenschmelzverfahren hergestellten Silziumstabes. Die Autoradiographie gibt die ^{14}C-Aktivität als zwei schmale weiße Zonen wieder, die durch zwei verschieden beendete Züge entstanden sind. Eindeutig ist der Kohlenstoff durch das Zonenziehen an das Ende des Stabes befördert worden, so daß er der Reinigung durch Zonenschmelzen zugänglich ist. Der Beweis, daß der beobachtete Verteilungskoeffizient von etwa 0,1 tatsächlich für Kohlenstoff und nicht für Siliziumcarbid gilt, läßt sich radiochemisch einfach durch Doppelmarkierung führen. Mit Hilfe der autoradiographischen Radiotracertechnik wurde auch der Einbau des Tellurs in polykristallines Indium-Antimonid verfolgt und aufgeklärt (Abb. 4) [2]. Dabei zeigt die Autoradiographie, daß das dotierte Tellur nicht gleichmäßig über den Stab verteilt

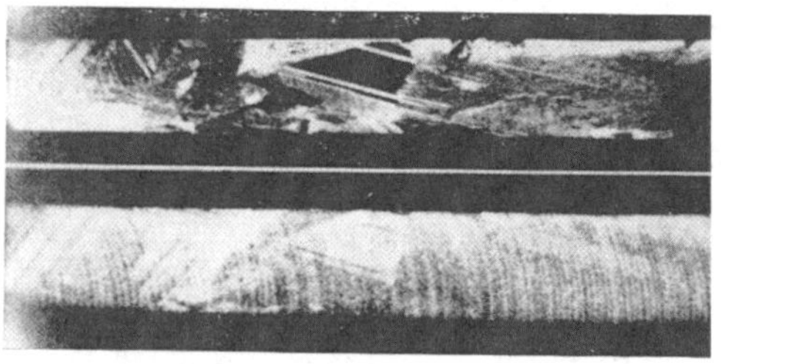

Abb. 4. Einbau von dotiertem Tellur in polykristallinem InSb
oben: Autoradiographie
unten: Aufnahme nach Strukturätzung [2]

ist, sondern vielmehr in einigen Kristallen, die auch im Ätzbild erkennbar sind, eingebaut wird.

In den meisten Arbeiten zur Verteilung von Fremdelementen in Epitaxieschichten wurde die Verteilung von Dotierungselementen in Siliziumepitaxieschichten durch nachträgliche Aktivierung untersucht. Das ist möglich, da die Epitaxieschichten sehr rein sind und das entstehende ^{31}Si sehr rasch abklingt. Abb. 5 zeigt die Autoradiographie einer golddiffundierten Siliziumscheibe. Man erkennt nach dem Abklingen des ^{31}Si-Isotops deutlich die längerlebige Goldaktivität, die die Ursache der weißen Bezirke ist.

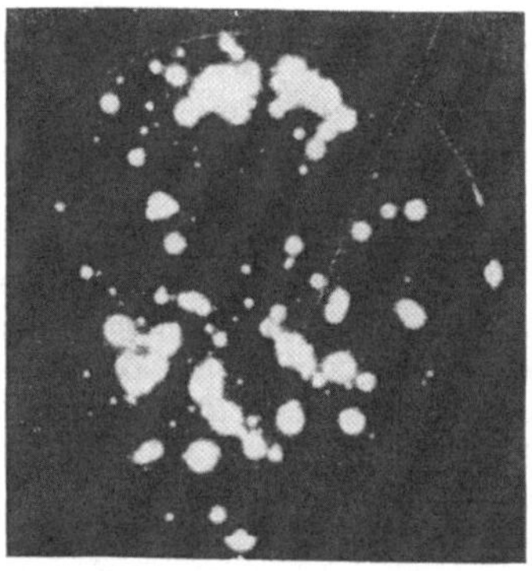

Abb. 5. Autoradiographie der Oberfläche einer golddiffundierten Si-Scheibe [2]

In Abb. 6 ist eine galliumdiffundierte Si-Scheibe gezeigt. Nach dem Abklingen der homogenen Dotierung sind weitere helle Punkte auf der Scheibe sichtbar, die auf eine inhomogene Verteilung anderer radioaktiver Isotope hinweisen. Die Autoradiographie selbst gibt jedoch keine Auskunft über die vorliegenden Verunreinigungen. Man trägt deshalb die Scheibe einige μm tief ab und analysiert quantitativ in der üblichen radiochemischen Weise. Im Fall der Abb. 6 wurden als Verunreinigungen Eisen, Chrom und Nickel gefunden, Elemente also, die offenbar beim Fertigungsprozeß durch das Läppen der Scheibe eingeschleppt werden.

Die Untersuchungen zur Verteilung von Fremdelementen beschränken sich jedoch nicht auf das Halbleitermaterial selbst, sondern wurden vielmehr auch auf die sie bedeckenden Oxidschichten und andere Isolatorfilme ausgedehnt. Nach Erarbeitung der Planartechnik zeigte sich, daß den in diesen Schichten eingelagerten Fremdelementen eine besondere Bedeutung zukommt, da sie in erheblichem Maß die elektrische Struktur an der Oberfläche des Halbleitermaterials beeinflussen und damit die Kennwerte der Halbleiterbauelemente verändern können. Besondere Auf-

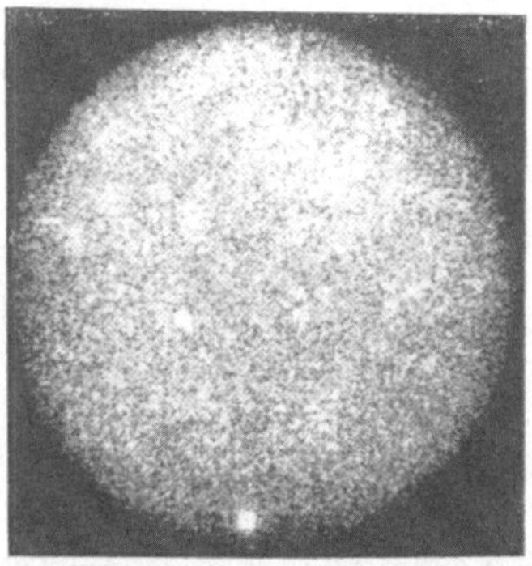

6a

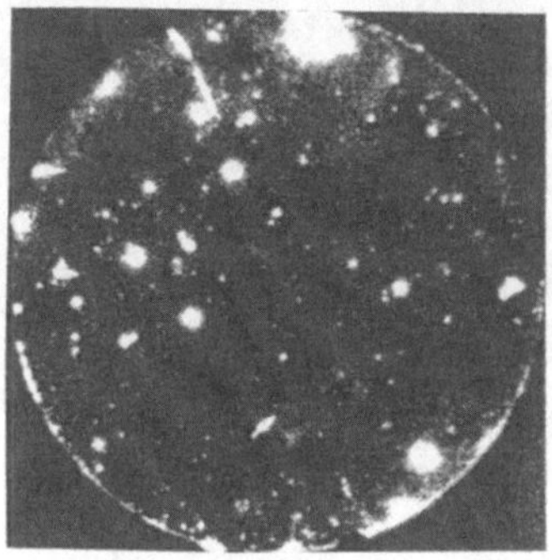

6b

Abb. 6. Autoradiographie der Oberfläche einer galliumdiffundierten Si-Scheibe vor (a) und nach (b) dem Abklingen der ^{72}Ga-Aktivität [2]

merksamkeit wurde dabei den metallischen Verunreinigungen geschenkt. In Form positiver Ionen vergrößern all diese Kontaminationen das Oberflächenpotential des Halbleiters und bewirken infolge ihrer Drift Instabilitäten der elektronischen Bauelemente, da in elektronischen Schaltungen durch Energieumsetzung zur elektrischen Belastung des Isolators stets noch eine thermische hinzutritt. Wegen ihrer hohen Beweglichkeit sind dabei Natriumionen von besonderem Interesse. Die Natriumverteilung wurde in der Regel senkrecht zur Wachstumsrichtung durch schichtweises Abtragen und unter Anwendung radiochemischer Methoden in Verbindung mit elektrischen Messungen untersucht [25, 26]. Die radiochemischen Methoden sind hier deshalb besonders vorteilhaft, weil man Änderungen der Verteilung der interessierenden Fremdelemente durch Temperaturbehandlung oder den Einfluß elektrischer Felder nachweisen kann. Entsprechende Untersuchungen werden in [27—29] beschrieben.

Mit Hilfe radioaktiver Indikatoren lassen sich auch Diffusionsvorgänge sehr vorteilhaft untersuchen. Transportprobleme dieser Art spielen bei Halbleitern eine außerordentlich wichtige Rolle. Dadurch, daß sich radiochemisch sehr geringe Mengen nachweisen lassen, können die Diffusionen bis in relativ große Tiefen, gegebenenfalls bis zum Eigenpegel der Matrix, verfolgt werden. Grundlagenforschung zum Verhalten des Halbleitermaterials bei der Einkristallzüchtung, d. h. zur Selbstdiffusion, wurde überhaupt erst durch die Anwendung der Radiotracer möglich [30, 31]. Zahlreiche weitere Untersuchungen beschäftigen sich mit der Eindiffusion von Dotierungselementen in das Halbleitergrundmaterial [32—37], der Maskierwirkung von Oxidschichten [38] und der Diffusion von Verunreinigungen im Halbleitermaterial [38—40].

3.3. *Untersuchung der Verunreinigung von Halbleitermaterial und Bauelementestrukturen während der Bauelementeherstellung*

Über die Anwendung radioaktiver Methoden zur Untersuchung eingeschleppter Verunreinigungen während der Herstellung des Halbleitergrundmaterials wurde bereits oben berichtet. Die Qualität des Grundmaterials kann jedoch während der Bauelementeherstellung unter anderem durch Einschleppung von Verunreinigungen verändert werden, so daß die Funktionstüchtigkeit der daraus gefertigten Bauelemente beeinträchtigt wird. Die Hauptquellen, aus denen Verunreinigungen auf oder in das Halbleitermaterial übergehen können, sind Kontaktmaterialien, mit denen das Halbleitermaterial direkt oder über die Gasphase in Verbindung steht, sowie Hilfsmaterialien, mitdenen oder in denen das Halbleitermaterial bzw. die Bauelementestrukturen bearbeitet werden.

3.3.1. Die Verunreinigung durch Quarz und Materialien der Heizer. Quarz ist ein Kontaktmaterial, das praktisch bei allen Fertigungsprozessen von Bauelementen in verschiedener Weise verwendet wird. Er dient vor allem als Ampullen- und Probenhaltermaterial bei der Herstellung von Halbleitereinkristallen und bei der Diffusion von Dotierungselementen in das Halbleitermaterial. Durch die relativ hohen Temperaturen, die für diese Bearbeitungsschritte erforderlich sind, ist es möglich, daß Silizium als Hauptbestandteil und im Quarz vorhandene Verunreinigungen auf das Halbleitermaterial übergehen [41—43]. Gefördert wurden solche Untersuchungen durch die Feststellung, daß GaAs-Material eine erhebliche Menge an Silizium auswies [41], daß hochohmiges Silizium beim Tempern in Quarzrohren von Diffusionsöfen den Leitungstyp wechselt [42], sowie von dem Bestreben, die Qualität von Bauelementen zu steigern, bei denen als Ursache für Qualitätseinbußen Natriumverunreinigungen des Oxidfilms nachgewiesen werden konnten [43]. Statt dem Quarz radioaktive Tracer zuzusetzen, ist es durch die günstigen aktivierungsanalytischen Bedingungen hier besser, Quarz durch Neutronenbeschuß zu aktivieren und die während der Behandlung des Quarzes auf oder in das Halbleitermaterial übergehenden Aktivitäten γ-spektrometrisch zu identifizieren und danach quantitativ zu bestimmen. Ein Beispiel für die Anwendung der Radiotracertechnik zur Untersuchung dieses Problemkreises geben *Fowkes* und *Burges* [44].

Meist dient Quarz als Ampullen- oder Rohrmaterial, das bei Verfahrensschritten, die bei höherer Temperatur ablaufen, das Halbleitermaterial vor einer Verunreinigung durch die Umgebung schützen soll. Insbesondere soll ein hermetischer Abschluß vor den aus dem glühenden Heizmaterial abdampfenden Schwermetallen erreicht werden, die im Kontakt mit Halbleitermaterial schnell eindiffundieren und besonders starke elektrische Effekte verursachen. Eine Untersuchung der Dichtheit des Quarzes gegenüber solchen aus dem Heizer austretenden Verunreinigungen ist auch hier mit Hilfe der Tracermethode bzw. der Methode der Quellenaktivierung möglich. Die Tracermethode ist zwar in bezug auf den Nachweis am einfachsten durchführbar, bereitet jedoch bei festen Materialien oft Schwierigkeiten, weil eine für die verschiedenen Bestandteile homogene Markierung in gleicher chemischer Form nur schwer zu erreichen ist. Für diese Untersuchungen sollte deshalb das Heizmaterial im Reaktor mit Neutronen bestrahlt und nach dem Temperprozeß kontrolliert werden, ob sich auf dem Halbleitermaterial Aktivität befindet. *Fränz* und *Langheinrich* [43] fanden durch Quarzanalyse eine Zunahme des Eisen- und Chromgehaltes im Quarz mit der Glühzeit und gleichzeitig damit eine Einschleppung dieser Elemente in das Halbleitermaterial.

3.3.2. Die Verunreinigung während des Schneidens, Läppens und Polierens. Das Schneiden des Halbleiterkristalls in Scheiben wird entweder durch Präzisionstrennschleifen oder durch Ultraschallschneiden ausgeführt. Außerdem werden zum Ausschneiden, Trennen, Abschneiden oder Zerteilen von Halbleitermaterial das Sandstrahlverfahren, das Gatterschneiden sowie das chemische und elektrolytische Ätzteilen verwendet. Als Hilsmaterialien benutzt man dabei Wasser, verschiedene Ätzlösungen, organische Klebemittel und Al_2O_3- bzw. SiC-Pulver, die alle zu Oberflächenverunreinigungen des Halbleitermaterials führen können. Direkte Hinweise dazu enthält die Arbeit von *Martin* [45], der nach dem Schneiden auf dem Rand der Scheiben Reste des bariumhaltigen Einbettkitts radioaktiv nachweisen konnte, die sich auch nicht durch intensive Reinigung beseitigen lassen. Bei den nachfolgenden Läppvorgängen werden sie über die gesamte Scheibe verschmiert und in die Vertiefungen der Oberfläche eingedrückt. Auch nach dem Ätzen bleibt ein Teil dieser Verunreinigungen auf den Oberflächen. *Schmidt* und *Dubnack* [46] untersuchten mit Hilfe der radioaktiven Indikatormethode die beim Läppen mit SiC auf den Siliziumoberflächen verbleibenden Läppmittelrückstände und die Wirksamkeit von Reinigungsverfahren zu ihrer Beseitigung.

Dem Läppen der Scheiben schließt sich ein Polierprozeß an, der in ähnlicher Weise wie der Läppprozeß durchgeführt wird. Mit entsprechend feinkörnigen Poliermitteln oder -lösungen werden spiegelnde, kratzerfreie Oberflächen erzielt. Dementsprechend kommen hierbei die Bestandteile der Poliermittel bzw. darin enthaltene Verunreinigungen und die Materialien der Vorrichtungen, die mit den Halbleiteroberflächen in Berührung kommen, als Verunreinigungsquellen in Frage. Die Anwendung der radioaktiven Methodik ist auch hier auf die Poliermittel beschränkt, die radioaktiv markiert werden können. Für moderne Halbleiter wie Galliumarsenid werden solche Poliermittel wie Cr_2O_3 und andere Metalloxide eingesetzt, die leicht aktivierbar sind. Damit lassen sich radiochemisch die optimalen technologischen Parameter für den Polierprozeß und die zur Beseitigung der Poliermittelrückstände angewendeten Reinigungsverfahren erarbeiten. Solche Untersuchungen sind ebenfalls in [46] beschrieben.

3.3.3. Die Verunreinigung aus Ätz- und Spülmitteln. Besonderen Einfluß auf die elektrischen Eigenschaften der Halbleiteroberfläche und die sich auf ihr ausbildende Struktur der Oxidschicht haben die im Verlauf des Fertigungsprozesses durchgeführten Ätz-, Spül-, Trocken- und Temperprozesse. Für die Zusammensetzung der Oxidschicht sind dabei insbesondere die nassen Behandlungsschritte ausschlaggebend. Während dieser Prozesse werden Bestandteile der Ätz- und Spülmittel sowie darin enthaltene Verunreinigungen auf der Halbleiteroberfläche oder auf dem Oxid adsorbiert bzw. in die Oxidschicht eingelagert. Die Adsorption von Verunreinigungen ist aber auch bei solchen Schritten zu beachten, die einer Zwischenätzung vorangehen, da die adsorbierten Verunreinigungen bei dazwischenliegenden Temperprozessen in das Volumen eindringen und dadurch die physikalischen Eigenschaften des Volumens negativ beeinflussen können. Besonders starken Einfluß auf die Oberflächeneigenschaften üben adsorbierte Schwermetall- und Alkaliionen aus, die als Verunreinigungen in Ätz- und Spülmitteln enthalten sein können. In einer Vielzahl von Arbeiten wurde die Kontamination der Halbleiter- oder Oxidoberfläche durch anorganische Ionen radiochemisch untersucht [47—54]. Es ist festgestellt worden, daß bereits Konzentrationen von 0,04 ppm Schwermetallverunreinigungen in den Lösungen bzw. etwa $10^{12}-10^{14}$ Atome/cm^2 auf den Oberflächen zu wesentlichen Änderungen der elektrischen Eigenschaften führen können. Die Änderungen der Bauelementekenndaten können dabei in positiver oder negativer Richtung erfolgen. Bei größeren Konzentrationen jedoch, z. B. bei 0,1%iger Lösung von Ni, Pb, Sn, Zn und Cu, wird eine charakteristische Instabilität beobachtet, die zur Funktionsunfähigkeit der Bauelemente führt.

4. Technische Anwendung der Radionuklide zur Verfahrenskontrolle

Neben der oben diskutierten Anwendung radioaktiver Nuklide werden diese auch in kommerziellen Geräten zur Dichtigkeitsprüfung und zur Messung von Schichtdicken eingesetzt.

Die fertigen elektronischen Bauelemente werden durch eine hermetische Kapselung aus Kunststoff, Keramik oder Metall verschlossen, damit Stoffe, die die Kennwerte der Bauelemente verändern, nicht in diese eindringen können. Da schon geringste Spuren solcher Stoffe meßbare Effekte hervorrufen, werden an die Gehäusedichtigkeit extrem hohe Anforderungen gestellt, um die vor allem im Hinblick auf die Datenverarbeitung geforderte Lebensdauer der Bauelemente zu garantieren. Für Serienprüfungen in der Produktion sind verschiedene Verfahren der Dichtigkeitsprüfung bei Halbleiterbauelementen im Einsatz [55, 56]. Neben der Prüfung mit einem Massenspektrometer, bei der ein Detektor auf ein aus dem Gehäuse austretendes Testgas anspricht [57], ist die Verwendung eines radioaktiv markierten Testgases besonders vorteilhaft [58]. Dabei wirkt ein unter erhöhtem Druck stehendes radioaktives Gas eine bestimmte Zeit von außen auf das verschlossene Bauelement ein und dringt gegebenenfalls durch vorhandene Lecks in dieses ein. Nach dem Entfernen des Bauelements aus der Druckkammer kann die eingedrungene Gasmenge durch Messung der aus dem Inneren des Gehäuses die Wand durchdringende Strahlung bestimmt werden. Als Markierungsisotop eignet sich der β-Strahler ^{85}Kr besonders gut, da dieses Gas biologisch relativ ungefährlich ist und somit aufwendige Strahlenschutzmaßnahmen entfallen.

Im Herstellungsprozeß von Halbleiterbauelementen sind Schichtdickenmessungen verschiedenster Materialien und Schichtdickenbereiche notwendig. Den unterschiedlichen Anforderungen entsprechend wird dazu eine Vielzahl von Methoden angewandt. Zur Messung dünner Metallschichten läßt sich dabei die radioaktive Methodik einsetzen. Mit Hilfe der bekannten β-Rückstreumethode können Schichten auf Substratmaterial zerstörungsfrei gemessen werden; außerdem ist eine Kontrolle der Homogenität bei großflächigen Schichten möglich. Durch Änderung der verwendeten Nuklide kann ein Schichtdickenbereich von etwa 0,1 bis 300 μm erfaßt werden. Der Fehler bei der

Schichtdickenmessung mit kommerziellen Geräten, die nach diesem Prinzip arbeiten, ist $< 5\%$.

Eingegangen am 2. 2. 1980

Literatur

[1] *P. S. Kirejew*, Physik der Halbleiter, Akademie-Verlag, Berlin 1974
[2] *W. Gebauhr*, Z. Anal. Chem. **245** (1969) 209
[3] *J. Hoste, D. de Soete*, Z. Anal. Chem. **245** (1969) 221
[4] *J. Holzhey*, Aktivierungsanalyse, VEB Deutscher Verlag für Grundstoffindustrie, Leipzig 1975
[5] *P. E. Brown, I. J. Davis*, Radiochemica Acta **9** (1968) 41
[6] *K. S. Niese*, Dissertation (B), TU Dresden 1972
[7] *J. F. Osborne*, Intern. J. Appl. Radiation Isotopes **18** (1967) 829
[8] *W. Gebauhr, J. Martin*, Intern. J. Appl. Radiation Isotopes **4** (1959) 173
[9] *L. Kreienbühl*, Dissertation, TU Berlin 1962
[10] *K. H. Neeb* u. a., Z. Anal. Chem. **245** (1969) 233
[11] *K. S. Niese*, Reinststoffanalytik, 2. Symposium Dresden 1967, S. 446
[12] *R. Neve* u. a., Analytica chimica Acta **40** (1968) 379
[13] *M. Smirkova, V. Pinkes*, Isotropenpraxis **3** (1967) 88
[14] *W. Gebauhr* u. a., Z. Anal. Chem. **200** (1964) 266
[15] *W. Hoffmeister*, Inter. J. Appl. Radiation Isotopes **17** (1966) 360
[16] *W. Gebauhr, A. Spang*, Angew. Chem. **72** (1960) 345
[17] *J. Martin, E. Haas*, Solid-State Electron **11** (1968) 993
[18] *H. Koch, K. Schulze*, Kerntechnik **7** (1965) 9
[19] *J. A. Burton*, J. Chem. Phys. **21** (1953) 1991
[20] *Y. Mosami* u. a., Jap. J. Appl. Phys. **4** (1965) 546
[21] *W. M. Bullis, V. Harrup*, Comptes rendus du 7e Congres international, Paris 1964, S. 847 – 851
[22] *M. Yoshida, K. Furusho*, J. Appl. Phys. **3** (1964) 521
[23] *S. V. Starodubcev* u. a., Fizičeskie svojstva osobo čistych metallov i poluprovodnikov, Taškent 1966, S. 93 – 100
[24] *H. Hadamovsky*, Rost kristallov **7** (1967) 236
[25] *E. Yon* u. a., IEEE Trans. El. Dev. **13** (1966) 276
[26] *A. B. Kuper*, Surface Science **13** (1969) 172
[27] *I. Fränz, W. Langheinrich*, Telefunken-Ztg. **39** (1966) 359
[28] *T. M. Buck* u. a., J. Electrochem. Soc. **114** (1967) 862
[29] *K. Thiemt, G. Krödel*, Isotopenpraxis **9** (1973) 60
[30] *M. Yoshida, K. Saito*, Jap. J. Appl. Phys. **6** (1967) 573
[31] *J. M. Fairfield, B. J. Masters*, J. Appl. Phys. **38** (1967) 3148
[32] *K. Winkler*, Isotopenpraxis **3** (1967) 41
[33] *I. Fränz, W. Langheinrich*, Telefunken-Ztg. **37** (1964) 194
[34] *E. Kooi*, J. Electrochem. Soc. **111** (1964) 1383
[35] *M. C. Duffy* u. a., J. Electrochem. Soc. **115** (1968) 84
[36] *K. K. Shih* u. a., J. Phys. Chem. Sol. **29** (1968) 379
[37] *B. Tuck*, J. Phys. Chem. Sol. **30** (1969) 253
[38] *I. Fränz, W. Langheinrich*, Telefunken – Ztg. **39** (1966) 348
[39] *H. P. Bonzel*, Phys. stat. sol. **20** (1967) 493
[40] *J. L. Lambert, M. Reese*, Sol. State El. **11** (1968) 1055
[41] *W. Kern*, J. Electrochem. Soc. **109** (1962) 700
[42] *G. Förster, G. Mohaupt*, Z. phys. Chem. **234** (1967) 178
[43] *I. Fränz, W. Langheinrich*, Telefunken-Ztg. **39** (1966) 365
[44] *F. M. Fokes, T. E. Burges*, Surface Science **13** (1969) 184
[45] *J. Martin*, Siemens-Z. **43** (1969) 180
[46] *H. Schmidt, J. Dubnack*, Probleme der Festkörperelektronik Bd. **5** (1973) 115
[47] *D. Keiler*, Solid State Electrics **6** (1963) 605
[48] *G. B. Larrabee*, J. Electrochem. Soc. **108** (1961) 1130
[49] *V. S. Sotnikov* u. a., Radiochimija 8 (1966) 617
[50] *G. Goldbach*, Surface Sci. **3** (1965) 205
[51] *D. Keiler*, Solid State Electronics **13** (1970) 249
[52] *W. Kern*, RCA Review **31** (1970) 207; **32** (1971) 64
[53] *K. Thiemt, R. Kaltofen*, Thin Solid Films **38** (1976) 193
[54] *K. Thiemt*, Isotopenpraxis **14** (1978) 276
[55] *D. B. Pearson*, Dev. Sem. prod. **6** (1963) 19
[56] *C. Villalaz*, Bull. d. Schweiz. Elektrotechn. Vereins **56** (1965) 545
[57] *T. L. Altshuler*, Solid State Technol. **12** (1969) 22
[58] *H. Schäfer, G. Vormum*, Isotopenpraxis **1** (1965) 34
[59] *H. Schmidt, J. Dubnack*, Probleme der Festkörperelektronik Bd. **3** (1970) 179; Bd. 7 (1975) 221

Originalarbeiten

Wasserstoff-Tritium-Austausch im dynamischen Impulsregime an Oberflächenhydroxylgruppen des Systems Pt/Al_2O_3

S. Engels[1]), *U. Kosakowsky*[2]), *R. Russow*[2])

([1]) Technische Hochschule „Carl Schorlemmer" Leuna-Merseburg, Sektion Chemie; [2]) VEB „Otto Grotewohl" Böhlen im PCK Schwedt)

Es gilt als gesichert, daß die Brönsted-Acidität von Al_2O_3-Trägermaterialien die Aktivität der Katalysatoren des Typs Pt/Al_2O_3 beeinflußt. Es wird eine H_2-T_2-Austauschmethode zur Erfassung der Oberflächenhydroxylgruppen von Al_2O_3-Trägern und Pt-Trägerkatalysatoren beschrieben, deren Ergebnisse eine Charakterisierung der Brönsted-Acidität der untersuchten Katalysatoren ermöglicht. Der Isotopenaustausch erfolgt im Inertgasstrom bei impulsförmiger Dosierung des Tritiumgases. Zur Tritiummessung dient ein Proportionalgasdurchflußzählrohr.
Die Interpretation und Wertung der erzielten Ergebnisse wird abschließend an ausgewählten Beispielen vorgenommen.

Keywords

aluminium oxides; catalysts; hydrogen; isotopic exchange; platinum; surface properties; tritium

0. Problemstellung

Unter den oberflächenchemischen Eigenschaften von Reformingkatalysatoren des Typs Pt/Al_2O_3 ist die Acidität der Al_2O_3-Trägermaterialien mitbestimmend für die Aktivität und Selektivität der Katalysatoren.

So wird von vielen Autoren unter Annahme eines bifunktionellen Mechanismus (z. B. [1 – 4]) die Beteiligung der sauren Zentren, insbesonders der *Brönsted*-Zentren der Al_2O_3-Oberfläche [3 – 7], an den katalysierten Reaktionen der Kohlenwasserstoffe diskutiert.

Zur allseitigen Charakterisierung von Reforming-Katalysatoren ist daher auch eine geeignete Erfassung der sauren Zentren notwendig.

Anschriften: [1]) 4200 Merseburg, Geusaer Str.; [2]) 7202 Böhlen

1. Grundlagen

Die durch Hydroxidabbau entstehenden Aluminiumoxide besitzen an der Oberfläche unvollständig koordinierte Al^{3+}-Ionen. Letztere haben eine starke Elektronenakzeptorwirkung und sind normalerweise durch dissoziativ sowie über Wasserstoffbrücken und koordinativ gebundenes Wasser abgesättigt. Die katalytische Aktivierung erfolgt durch thermische Dehydratisierung, wobei sich insbesonders bei Temperaturen > 400 °C auf der Al_2O_3-Oberfläche isolierte OH-Gruppen bilden, die nach dem *Peri*-Modell [8] das am stärksten saure Verhalten zeigen sollten.

Die Gesamtoberflächenacidität nimmt so mit steigender Dehydratisierungstemperatur zu, wobei eine echte *Brönsted*-Acidität wahrscheinlich erst gegen 500 °C erreicht wird [10]. Abb. 1 zeigt schematisch die an einer partiell dehydratisierten Al_2O_3-Oberfläche auftretenden aktiven Zentren.

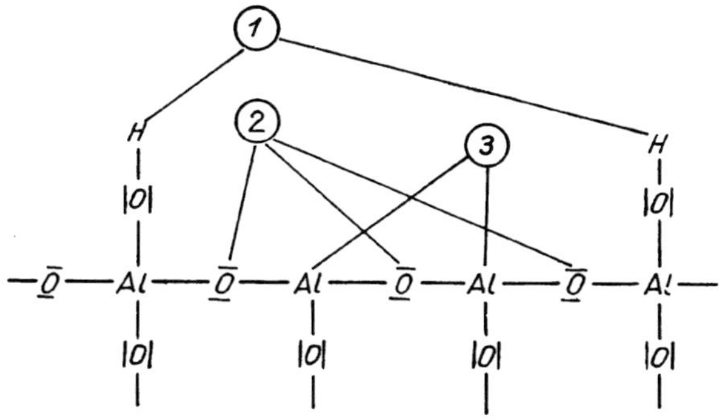

Abb. 1. Partiell dehydratisierte Al_2O_3-Oberfläche (nach [9])

1 – *Brönsted*-Säurezentren; 2 – *Lewis*-Basezentrum; 3 – *Lewis*-Säurezentrum

Nähere Informationen über Aluminiumoxide und deren Nutzung als Katalysatorträger können beispielsweise den Arbeiten [9, 11, 12] entnommen werden.

Die zur Erfassung dieser aciden Zentren bekannten Chemisorptionsmethoden mit Ammoniak [12] und auch die titrimetrischen Methoden [10, 13] mit organischen Basen erfassen alle Arten von aciden Zentren und sind daher unspezifisch. Sie lassen keine Aussage gezielt zur *Brönsted*-Acidität zu. Da die Geschwindigkeit des Isotopenaustausches zwischen zwei Molekülen von der Beweglichkeit der auszutauschenden Atome im Molekül, also von der Festigkeit der chemischen Bindung abhängt und bei den Wasserstoffisotopen das thermodynamische Potential für die Austauschreaktion auf Grund des großen relativen Massenunterschiedes sehr hoch ist, liegt es nahe, den Wasserstoffisotopenaustausch für die Bestimmung der Anzahl und Stärke von Oberflächenhydroxylgruppen zu nutzen. Eine Reihe derartiger Methoden mit Deuterium im Vakuumsystem ist bekannt, z. B. [14, 15].

Von uns wurde für den Austausch Tritium gewählt, das auf Grund seiner β^--Strahlung einfacher mittels eines Proportionalzählers meßbar ist. Da eine Behandlung des Aluminiumoxides im trockenen Inertgasstrom eine ebenso reine Oberflläche ergibt wie im Vakuum [12], konnte für die Entwicklung einer Methode zur OH-Gruppenbestimmung mittels Tritiumaustausch auf ein Strömungsverfahren ähnlich der gaschromatographischen Arbeitstechnik (dynamisches Impulsregime) orientiert werden.

Daraus ergeben sich folgende Vorteile:

- Schnelligkeit;
- einfache Arbeitsweise (für Routinebetrieb geeignet);
- hohe Empfindlichkeit bei elektrischem Ausgangssignal;
- Kurze Verweilzeit der Austauschtemperatur unterdrückt Sekundäreffekte;
- Austausch-, Adsorptions- und katalytische Messungen sind simultan möglich.

Der Tritium-Wasserstoff-Austausch verläuft nach der Gleichung:

$$(-OH)_s + (HT)_g \rightleftarrows (-OT)_s + (H_2)_g \tag{1}$$

Infolge der Impulstechnik und der konstanten Verweilzeit läßt sich die Zeitabhängigkeit des Austausches nicht verfolgen. Vielmehr setzt man voraus, daß beim Passieren der Probenschicht durch den Impuls das jeweilige Isotopengleichgewicht erreicht wird. Die molare Tritiumaktivität A ist dann auf der Probenoberfläche (s) und in der Gasphase (g) gleich:

$$A_s = A_g \tag{2}$$

$$\frac{a'_s}{n_s} = \frac{a'_g}{n_g} \tag{3}$$

a' – T-Aktivität im Gleichgewicht

n – Molzahl der H-Atome

Bezeichnet man mit a^0_g die Tritiumaktivität des Eingangsimpulses, so gilt weiter die Bilanzgleichung:

$$a^0_g = a'_g + a'_s \tag{4}$$

Aus diesen beiden Grundgleichungen (3, 4) konnten, wie im einzelnen hier nicht näher dargelegt werden soll, (vgl. [16]), die den H_2-T_2-Austausch beschreibenden und für die Auswertung der Meßergebnisse benutzten Endgleichungen der Form

$$a^0_g - a'_{g,i} = a^0_g \cdot \left(1 + \frac{n_g}{n_s}\right)^{-i} \tag{5}$$

für den Austausch und

$$A'_{g,i} = a_{s,\infty} \cdot \left(1 + \frac{n_g}{n_s}\right)^{-i} \tag{6}$$

für den Rücktausch entwickelt werden.

2. Experimenteller Teil

Die für die H_2-T_2-Austauschmessungen eingesetzte Apparatur (Radio-Impulsreaktor) ist schematisch in Abb. 2 dargestellt. Nähere Angaben zum Reaktor und zum Meßvorgang können ebenfalls der Arbeit [16] entnommen werden.

Das benötigte Tritium mit einer molaren Aktivität von ca. 1,7 GBq · mol^{-1} wurde zweckmäßigerweise elektrolytisch aus einer tritiummarkierten 28%igen Kalilauge hergestellt und vor der Dosierung mittels Pd-Kontakt (Leuna 7748) von Sauerstoff befreit sowie über Phosphorpentoxid und durch Ausfrieren mit flüssigem Stickstoff getrocknet.

Die Reinigung der anderen Gase erfolgte:

H_2: O_2-Entfernung über Pd-Kontakt; Trocknung über Molsieb 4 A;

He: O_2-Entfernung über Leuna-Kontakt 4492 (150 °C); Trocknung und Feinreinigung über mit flüssigem N_2 gekühlten Molsieb 13 X.

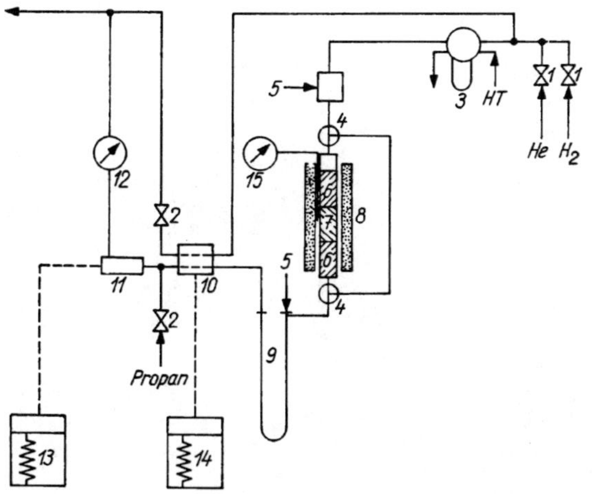

Abb. 2. Schematische Darstellung der Meßapparatur (Radio-Impulsreaktor)

1 – durchflußgeregelte Drossel; 2 – Feinstnadelventil; 3 – Dosierschleife für Tritium aus der Elektrolysezelle (V = 1 ml); 4 – Dreiwegeventil; 5 – Dosierstelle für Mikrospritze; 6 – Packung aus Quarzbruch; 7 – Probe; 8 – geregelte Reaktorheizung; 9 – Trennsäule; 10 – Wärmeleitfähigkeitsdetektor (vgl. auch 14); 11 – Proportionaldurchflußzählrohr; LB 6231 Firma Berthold/BRD; aktives Zählvolumen 2 ml; 12 – Kapillarströmungsmesser; 13 – Meßelektronik bestehend aus: Vorverstärker VA-H-286; Linearverstärker VA-V-100; Impulsdichtemesser VA-D-440 mit Schreiber VA-G-140 oder Zähler VA-G-120 mit Drucker VA-G-24 des VEB Robotron Meßelektronik Dresden; 14 – Schreiber zur Aufzeichnung der Mengenpeaks (der GC-Teil besteht insgesamt aus dem Gerät GCHF 18.3-1 des VEB Chromatron Berlin); 15 – Temperaturmessung

Auf eine chromatographische Trennsäule kann theoretisch verzichtet werden; doch wie die praktischen Erfahrungen zeigten, ließen sich durch eine 1-m-Porapak-Q-Säule teilweise auftretende Störungen infolge durchbrechender Sauerstoffspuren ausschalten.

Die zu untersuchende Probe wurde nach entsprechender Vorbehandlung im Heliumstrom mit einer endlichen Zahl von Tritiumimpulsen (maximal bis zur Einstellung des T/H-Gleichgewichts zwischen Probe und Ausgangstritium) beaufschlagt. Als Antwortsignal auf jeden Impuls erhält man einen Mengen- und einen Aktivitätspeak. Der Mengenpeak muß bei ungestörtem Verlauf der Messung konstant bleiben. Der Isotopenaustausch ist ein streng reversibler Vorgang, d. h. nach Erreichen des Isotopengleichgewichts konnte mit Wasserstoffimpulsen ein Rücktausch vorgenommen werden.

Für alle Bestimmungen wurde stets eine gleiche Verweilzeit gewählt, die durch eine Katalysatoreinwaage von 0,2 g und eine Strömungsgeschwindigkeit des Heliums von 33,3 ml · min^{-1} gegeben war.

Entsprechend den Vorstellungen über den Zusammenhang zwischen Dehydratisierung der Al_2O_3-Oberfläche und Acidität der Oberflächen-OH-Gruppen [8–10, 12] wurden zwei Dehydratisierungstemperaturen (DT) gewählt.

DT = 350 °C: Vollständig OH-bedeckte Oberfläche
Austauschtemperatur (AT) = 350 °C und 500 °C

DT = 600 °C: Isolierte OH-Gruppen
AT = 500 °C

Die thermische Vorbehandlung der untersuchten Proben erfolgte nach einem konstanten Stufenprogramm, wobei die Katalysatorproben zur Reduktion zusätzlich bei 500 °C im H_2-Strom und anschließend noch hydrothermal behandelt wurden [16].

3. Auswertung, Ergebnisse und Diskussion

Die mittels der hier beschriebenen H_2-T_2-Austauschmethode erzielten Ergebnisse und daraus ableitbaren Aussagen sollen im weiteren für folgende Proben dargestellt werden:

Probe I: γ-Al_2O_3 (Leuna-Produkt Nr. 5781)

Probe II: η-Al_2O_3 (Leuna-Produkt Nr. 5786)

Probe III: Pt/γ-Al_2O_3 + 0,9 Ma-% Halogen (Leuna-Katalysator Nr. 88 13 K)

Probe IV: Pt/η-Al_2O_3 + 0,8 Ma-% Halogen (Leuna-Katalysator Nr. 88 15 S)

Bei der Durchführung der Messung erhält man als Antwortfunktion auf die dosierten Tritiumimpulse eine endliche Folge von Tritiumaktivitätspeaks, die einem Sättigungswert a_g^0, also der Einsatzaktivität des Tritiums, zustreben, d. h., die Differenz $a_g^0 - a'_{g,i}$ geht gegen Null. Beim Rücktausch erhält man einen reziproken Verlauf.

Zur einfacheren Handhabung werden die diesen funktionellen Verlauf beschreibenden Exponentialfunktionen (5) und (6) logarithmiert:

$$\lg (a_g^0 - a'_{g,i}) = -i \cdot \lg \left(1 + \frac{n_g}{n_s}\right) + \lg a_g^0 \qquad (7)$$

$$\lg a'_{g,i} = -i \cdot \lg \left(1 + \frac{n_g}{n_s}\right) + \lg a_{s,\infty} \qquad (8)$$

Trägt man den $\lg (a_g^0 - a_{g,i})$ für den Austausch bzw. $\lg a'_{g,i}$ für den Rücktausch gegen i auf, so müssen Geraden entstehen (vgl. Abb. 3, 4), deren Steigung k mit dem Verhältnis n_g/n_s in folgendem Zusammenhang steht:

$$k = \lg \left(1 + \frac{n_g}{n_s}\right) \qquad (9)$$

Wie aus Abb. 3 und 4 ersichtlich, ist diese Forderung im mittleren Teil der Kurven erfüllt. Die Abweichungen von der Geraden bei großen i, die hauptsächlich beim Rücktausch auftreten, ergeben sich aus dem großen statistischen Fehler der Messung der hier auftretenden sehr kleinen Aktivitäten. Der nur beim Austausch vorhandene degressive Abfall im Bereich kleiner i könnte dadurch erklärbar sein, daß das Tritiumangebot pro Impuls anfänglich nicht zur Gleichgewichtseinstellung ausreicht.

Das nach Gleichung (9) aus der graphischen Darstellung ermittelte Verhältnis der Molzahl Wasserstoff im Eingangsimpuls (n_g) zur Molzahl Wasserstoff der Probenoberfläche (n_s) ermöglicht die Berechnung der OH-Gruppenzahl (gleich n_s) pro 1 g Probe nach:

$$n_s = \frac{p \cdot V_d}{\frac{n_g}{n_s} \cdot R \cdot T \cdot m_k} \qquad (10)$$

Tab. 1 enthält die so gewonnenen Ergebnisse für die oben angeführten vier Proben.

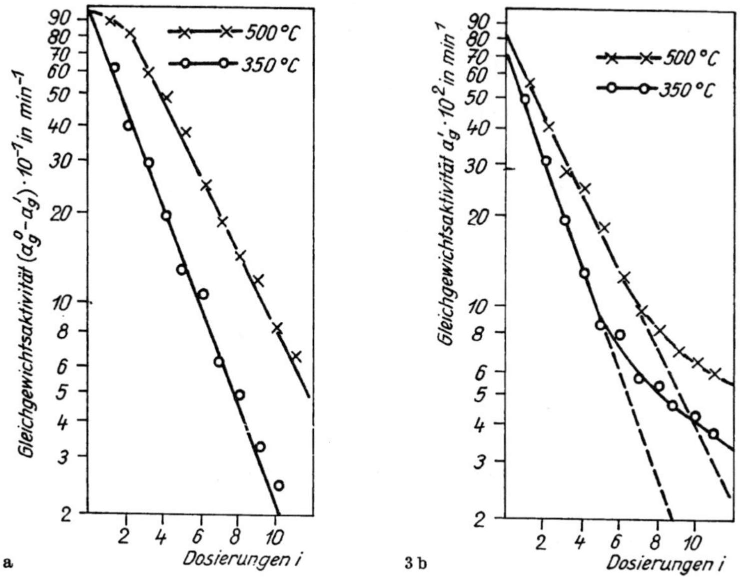

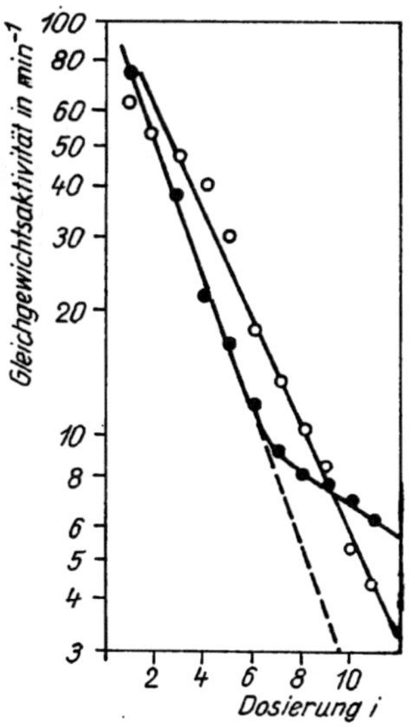

Abb. 3. η-Al_2O_3: Tritiumaustausch bei DT = 600 °C und AT = 350; 500 °C
a) Austausch; b) Rücktausch

Abb. 4. Pt/η-Al_2O_3: Tritiumaustausch bei DT = 600 °C und AT = 500 °C
-o-o- Austausch $(a_g^0 - a_g') \cdot 10^{-2}$; -•-•- Rücktausch $a_g' \cdot 10^{-1}$

Tab. 1. Ergebnisse der Tritiumaustauschuntersuchungen zur Bestimmung der Oberflächen-OH-Gruppen

Probe	AT (°C)	Austausch bei DT = 350 °C in mmol · g^{-1}			Austausch bei DT = 600 °C in mmol · g^{-1}			Austauschgrad in %	
		ATs	RTs	∅	ATs	RTs	∅	DT 350 °C	DT 600 °C
I	350	0,22	2,72	1,4	—	—	—	15,7	—
(γ-Al_2O_3)	500	0,49	1,67	1,1	0,73	1,37	1,0	45,4	73,0
II	350	1,51	4,09	2,8	—	—	—	53,9	—
(η-Al_2O_3)	500	2,15	2,49	2,3	1,00	1,13	1,1	92,6	93,9
III	350	1,04	1,19	1,1	—	—	—	93,2	—
(Pt-γ-Al_2O_3)	500	0,81	1,02	0,9	0,90	0,81	0,9	88,6	100,0
IV	350	1,29	1,41	1,3	—	—	—	95,7	—
(Pt-η-Al_2O_3)	500	1,18	1,18	1,2	1,09	1,13	1,1	100,0	99,1

ATs — Austausch
RTs — Rücktausch

Auffallend an den berechneten OH-Konzentrationen ist, daß besonders bei den reinen Al_2O_3-Trägern die Werte aus der Aus- und Rücktauschmeßreihe stark voneinander abweichen. Diese Differenz verringert sich systematisch mit steigender Austausch- und Dehydratisierungstemperatur. Den Verlauf dieser Temperaturabhängigkeit für das η-Al_2O_3 zeigt Abb. 5.

Bei der Ableitung des mathematischen Auswerteformalismus wurde vorausgesetzt, daß sich bei jedem dosierten Tritiumimpuls auf der Probenoberfläche das Isotopengleichgewicht einstellt. Ist das nicht der Fall, weil die Austauschgeschwindigkeit zu gering ist, ergeben sich beim Austausch zu kleine und beim Rücktausch zu große Werte. Die erhaltenen Ergebnisse würden sich damit erklären lassen.

Folglich ist anzunehmen, daß die wirkliche OH-Konzentration zwischen beiden Extremwerten liegen muß, also in Näherung dem geometrischen Mittel aus beiden Werten entspricht. Eine halbquantitative Einschätzung der Austauschgeschwindigkeit läßt sich dann durch das Verhältnis „Austausch-/Mittelwert" in Prozent, nachstehend Austauschgrad genannt, geben.

Wie die Ergebnisse zeigen, verringert sich die Gesamtzahl der Oberflächenhydroxylgruppen der Aluminiumoxide mit steigender Vorbehandlungstemperatur stark. Dagegen nimmt der Austauschgrad, d. h. die Wasserstoffbeweglichkeit erheblich zu. So zeigt das η-Al_2O_3 von allen untersuchten Al_2O_3-Proben bei einer Dehydratisierungstemperatur von 350 °C und einer Austauschtemperatur von 500 °C nicht nur eindeutig die höchste OH-Konzentration, sondern der Austauschgrad von $> 90\%$ weist auch auf die stärkste *Brönsted*-Acidität hin. Aus den von *Hille* [12] erhaltenen Meßergebnisse bei der thermischen H_2O-Desorption an ähnlich vorbehandelten γ- und η-Al_2O_3-Proben läßt sich ebenfalls die OH-Konzentration berechnen. Im Be-

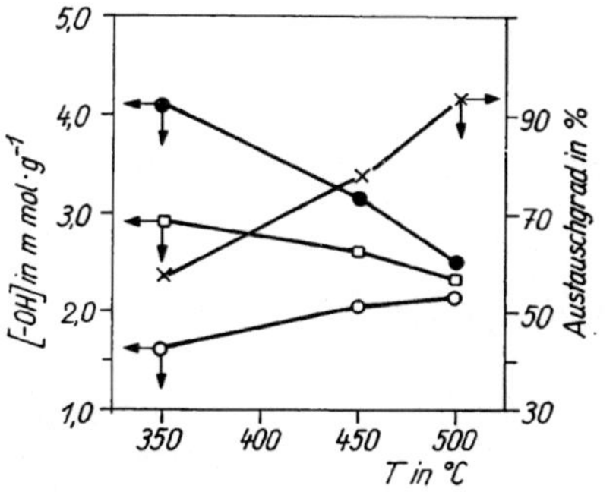

Abb. 5. η-Al_2O_3: Austausch und Austauschgrad in Abhängigkeit von der Temperatur

reich von 300 ... 600 °C werden danach abgegeben:

γ-Al_2O_3: 1,23 mmol H_2O/g = 2,46 mmol OH/g

η-Al_2O_3: 0,82 mmol H_2O/g = 1,64 mmol OH/g

Damit vergleichbar sind etwa die Differenzwerte (DT 350 °C – DT 600 °C)

γ-Al_2O_3: 0,4 mmol OH/g

η-Al_2O_3: 1,7 mmol OH/g

Für das η-Aluminiumoxid ist eine gute Übereinstimmung vorhanden. Beim γ-Aluminiumoxid liegt jedoch eine starke Abweichung vor. Teilweise läßt sich diese durch die hier gewählte höhere Dehydratisierungstemperatur von 350 °C gegenüber 300 °C und die methodisch bedingte Unsicherheit bei so geringen Austauschgraden erklären.

Bringt man auf die Al_2O_3-Träger die Metallkomponente auf, so verringert sich zwar die Anzahl der OH-Gruppen auf der Oberfläche, doch wird die Austauschgeschwindigkeit deutlich erhöht.

Selbst beim Pt/γ-Al_2O_3 (III) liegt bei 350 °C der Austauschgrad schon bei 93%, und bei 500 °C (DT = 600 °C) ist praktisch die Gleichgewichtseinstellung 100%ig. Ähnliches beobachteten bereits *Carter* et al. [17] und *Sharma* et al. [18]. Danach substituieren Halogenionen, herrührend aus der Hexachloroplatinsäure und einer zusätzlichen Halogenpromotierung, OH-Gruppen auf der Al_2O_3-Oberfläche. Gleichzeitig erfolgt dadurch eine weitere Polarisierung der verbliebenen OH-Gruppen [19, 20], woraus eine stärkere *Brönsted*-Acidität und folglich eine höhere Austauschgeschwindigkeit resultiert.

Daneben ist sicher auch eine katalytische Beschleunigung des H_2-T_2-Austausches durch das Platin zu berücksichtigen. In diesem Zusammenhang sind Arbeiten interessant, die ausweisen, daß Chlorzusätze zusätzlich über flüchtige Platinchloride und/oder Pt-Cl-Al_2O_3-Komplexe bei geeigneter Vorbehandlung der Katalysatoren eine höhere Platindispersität und damit katalytische Aktivität und Selektivität bewirken [21–23].

Bemerkenswert ist, daß die Unterschiede im katalytisch interessierenden Bereich (DT = 350 °C, AT = 500 °C und DT = 600 °C, AT = 500 °C) zwischen den einzelnen Katalysatoren sehr gering sind.

Eine Verfälschung der bestimmten OH-Gruppenzahl durch Restmengen an chemisorbiertem Wasserstoff, herrührend vom Reduktionsvorgang, sollte entsprechend der Arbeit von *Webb* und Mitarbeitern [24, 25] nach einer Heliumbehandlung bei > 200 °C vernachlässigbar gering sein.

Ein Vergleich der von *Hall* und Mitarbeiter [26] mittels Deuteriumaustausch ermittelten Werte von 2 ... 7,5 µmol OH/m² mit den hier erhaltenen Ergebnissen von 4 ... 5 µmol OH/m² zeigt eine gute Übereinstimmung. Es läßt sich somit einschätzen, daß für die beiden hier genannten Katalysatoren mit einem Halogengehalt ≧ 0,8 Ma-% bei einer Vorbehandlungstemperatur von ≧ 500 °C aus der bestimmten annähernd gleichen OH-Oberflächenkonzentration und Wasserstoffbeweglichkeit kaum unterschiedliche Einflüsse auf die katalytische Aktivität zu erwarten sind, d. h., ein signifikanter Trägereinfluß über die Oberflächen-OH-Gruppen auf die Aktivität der Katalysatoren unter den genannten Bedingungen ist nicht vorhanden. Die erhaltenen Untersuchungsergebnisse spezieller Kohlenwasserstoffreaktionen an diesen Katalysatoren decken sich mit dieser Aussage [16].

Zur dargestellten Methode selbst kann man feststellen, daß sich die eingangs angeführten Vorteile in der experimentellen Arbeit bestätigten und die Methode damit für den Routinebetrieb geeignet ist.

Eingegangen am 13. 2. 1980.

Literatur

[1] *G. A. Milles, H. Heinemann, T. H. Milleken, A. G. Oblad*, Ind. Eng. Chem. **45** (1953) 134
[2] *H. Pines*, Intra Science Chem. Rept. **6** (1972) 17
[3] *F. G. Ciapetta, R. M. Dobers, R. W. Barker*, Catalysis **6** (1958) 495
[4] *S. G. Hindin, S. W. Weller, G. A. Mills*, J. Phys. Chem. **62** (1958) 244
[5] *S. G. Brandenberger, W. L. Callender, W. K. Meerboott*, J. Catal. **42** (1976) 282
[6] *W. L. Callender, S. G. Brandenberger, W. K. Meerboott*, Proc. 5th Int. Congr. Cat., Miami Beach/USA 1972, **2** (1973) 1265
[7] *A. I. Silvestri, P. A. Naro, R. L. Smith*, J. Catal. **14** (1969) 386
[8] *J. B. Peri*, J. Phys. Chem. **69** (1965) 220
[9] *S. Engels*, Kristall u. Technik **8** (1975) 743
[10] *B. B. Žarkov, G. N. Masljanskij, T. V. Antipina, V. A. Rešetor*, Kinet. i Katal. **XV** (1974) 732
[11] *K. Pohl*, Habilitationsschrift, Technische Universität Dresden, 1970
[12] *J. Hille*, Dissertation A, Technische Hochschule für Chemie „Carl Schorlemmer“ Leuna-Merseburg, 1970
[13] *A. E. Hirschler*, J. Catal. **2** (1963) 428
[14] *R. B. Anderson* (ed.), Experimental Methods in Catalytic Research, Academic Press, New York and London 1968, S. 387
[15] *Ch. M. Minačev, R. V. Dmitriev, Ja. L. Slakov, O. D. Bronnikov*, Kinet. i Katal. **XII** (1971) 712
[16] *R. Russow*, Dissertation A, Technische Hochschule „Carl Schorlemmer“ Leuna-Merseburg, 1978
[17] *J. L. Carter, P. J. Lucchesi, P. Cornell, D. J. C. Yates, J. H. Sinfelt*, J. Phys. Chem. **69** (1965) 3070
[18] *L. D. Sharma, P. K. Sinhamahapatra, H. R. Shama, R. P. Mehrotra, G. Balamalliah*, J. Catal. **48** (1977) 404
[19] *T. V. Antipina, E. B. Vinokurova*, Kinet. i Katal. **9** (1968) 199
T. V. Antipina, O. V. Bulgakov, Dokl. Akad. Nauk SSSR **1968**, 845
[20] *V. R. Choudhary*, IEC, Prod. Res. Dev. **16** (1977) Nr. 1, 12
[21] *P. Birke, S. Engels*, Z. Chem. **17** (1977) 77
[22] *P. Birke, S. Engels*, Z. Chem. **18** (1978) 37
[23] *P. Birke, S. Engels, K. Becker, H.-D. Neubauer*, Chem. Techn. **31** (1979) 473
[24] *G. F. Taylor, S. J. Thomson, G. Webb*, J. Catal. **12** (1968) 191
[25] *J. A. Altham, G. Webb*, J. Catal. **18** (1970) 133
[26] *W. K. Hall, H. P. Leftin, T. J. Cheselske, D. E. O'Reilly*, J. Catal. **2** (1963) 506

Zur Anwendbarkeit der Poissonverteilung bei radiochemischen Messungen

M. Luthardt

(Technische Hochschule Karl-Marx-Stadt, Sektion Chemie und Werkstofftechnik)[1])

U. Prösch

(Sektion Chemie der Humboldt-Universität zu Berlin)[2])

Die prinzipielle Beschreibbarkeit der Statistik des Kernzerfalls durch eine Poissonverteilung ist allgemein akzeptiert. Die Anwendbarkeit dieser Verteilung als Grundlage der Auswertung von Kernstrahlungsmessungen ist in letzter Zeit bezweifelt worden. Durch eine dem gleitenden Mittel analoge Anwendung des χ^2-Anpassungstests kann man mindestens 3 Fälle erkennen, die zu einer irrtümlichen Ablehnung der Poissonverteilung bei Messungen führen. Beispiele werden gegeben. Verteilungen, die den Einfluß spezieller Parameter explizit berücksichtigen, sollten erst nach sorgfältiger Untersuchung der Daten hinsichtlich anderer Störeinflüsse herangezogen werden. Für viele einfache Meßaufgaben wird die Poissonverteilung weiterhin anwendbar sein. Einige Grundgleichungen für die Auswertung poissonverteilter Daten werden gegeben.

Keywords

accuracy; errors; radiation monitoring; radioactivity; statistics

1. Einleitung und Problemstellung

Seit der Feststellung v. *Schweidlers* [1], daß der Kernzerfall ein statistischer Vorgang ist und die Anzahl der Zerfallsakte pro Zeiteinheit einer *Poisson*verteilung gehorcht, findet sich diese Aussage in den meisten Lehr- und Praktikumsbüchern der Radioaktivität und Radiochemie. Hinweise auf einschränkende Bedingungen und Angaben über die zu benutzenden statistischen Schätz- und Testverfahren sind dagegen selten.

Viele diesbezügliche Verfahren sind schon seit Jahrzehnten bekannt (vgl. z. B. [2]). Spezielle Monographien [3–5] zu diesen Fragen sind für den radiochemischen Praktiker allerdings wegen ihres Umfanges und/oder ihres Abstraktionsgrades u. U. wenig geeignet.

Die vorliegende Arbeit will versuchen, einige Grundlagen der Statistik der Kernstrahlungsmessung darzulegen[3]) Zugleich sollte experimentell untersucht werden, inwieweit sich bei einfachen Meßaufgaben die *Poisson*verteilung als Grundlage statistischer Auswertungen benutzen läßt.

Dabei ist grundsätzlich zwischen der statistischen Auswertung der Messungen an einem Präparat (Fall A) und der Auswertung radiochemischer Meßreihen, etwa der Mittelwertbildung über mehrere Meßpräparate (Fall B), zu unterscheiden.

2. Mathematische Grundlagen

2.1. Die Statistik des Kernzerfalls

Bezeichnet $\varkappa$ die Zerfallskonstante eines radioaktiven Nuklids, so ist die Wahrscheinlichkeit für einen Atomkern dieser Art, innerhalb eines Zeitintervalls $T = [0, t]$ zu zerfallen, gegeben durch

$$p_t = 1 - e^{-\varkappa t} \tag{1}$$

Anschriften: [1]) 9010 Karl-Marx-Stadt, PSF 964; [2]) 1040 Berlin, Hessische Str. 1–2

[3]) Zur Erklärung hier nicht näher erläuterter Termini sei auf das Lexikon der Stochastik [9] und die Monographie von *Haight* [10] über die *Poisson*verteilung hingewiesen.

Sind zum Zeitpunkt $t = 0$ N Atome dieses Nuklids vorhanden, so ist die Anzahl X der im Intervall T zerfallenden Atome nach

$$P(X = x \mid t) = \binom{N}{x} p_t^x (1 - p_t)^{N-x} \tag{2a}$$

$$= \binom{N}{x} (1 - e^{-\varkappa t})^x e^{-(N-x)\varkappa t} \tag{2b}$$

binominalverteilt.

Ist das Produkt aus Beobachtungszeit und Zerfallskonstante, $\varkappa t$, genügend klein, so wird p_t direkt proportional t:

$$p_t = \varkappa t \mid \varkappa t \ll 1 \tag{3}$$

Wenn weiterhin die Zahl der Atome genügend groß ist, so daß sie sich während des Beobachtungszeitraumes T praktisch nicht ändert, läßt sich der Kernzerfall als *Poisson*scher Prozeß mit der Intensität $N\varkappa$ beschreiben. Ein *Poisson*scher Prozeß wird durch die Erfüllung folgender 3 Bedingungen definiert:

1. Die Wahrscheinlichkeit dafür, daß in einem kleinen Zeitintervall $\Delta\tau$ genau 1 Ereignis eintritt, ist
$$P(X = 1 \mid \Delta\tau) = N\varkappa\,\Delta\tau + o(\Delta\tau)$$
2. Die Wahrscheinlichkeit des Auftretens mehrerer Ereignisse in $\Delta\tau$ ist
$$P(X > 1 \mid \Delta\tau) = o(\Delta\tau) \ll N\varkappa\,\Delta\tau$$
3. Die Anzahlen der in den disjunkten Zeitintervallen eintretenden Ereignisse sind voneinander unabhängig.

Diese unabhängigen Zuwächse $X[t_i, t_j]$, $t_i, t_j \in T$, besitzen dann eine *Poisson*verteilung mit dem Parameter $\lambda = N\varkappa(t_j - t_i)$:

$$P(X = x \mid t) = \frac{\lambda^x}{x!} e^{-\lambda} \tag{4}$$

Die *Poisson*verteilung ist eine diskrete Verteilung. Der Wertebereich der Zufallsvariablen X ist auf die natürlichen Zahlen beschränkt. Der Parameter λ kann nur reelle Werte $\geqq 0$ annehmen.

Sind X_t und X_s poissonverteilt mit den Parametern λ_1 und λ_2, so ist X_{t+s} poissonverteilt mit dem Parameter $\lambda = \lambda_1 + \lambda_2$. Die Längen der Zeitintervalle, in denen der Prozeß vom Zustand $X_t = i$ in den Zustand $X_s = i + 1$ übergeht, sind unabhängig exponentialverteilt mit dem Parameter $N\varkappa$:

$$P\{(t - s) \geqq \vartheta\} = e^{-N\varkappa\vartheta} \tag{5}$$

Die Exponentialverteilung ist eine spezielle Form der Γ-Verteilung $\Gamma(b, p)$ mit den Parametern $b = N\varkappa$ und $p = 1$. Die Zeit t_x, in der der Prozeß den Zustand $X_t = x$ erreicht hat, ist Γ-verteilt mit den Parametern $b = N\varkappa$ und $p = x$.

Für den an sich binominalverteilten Kernzerfall wird also erst durch 3 gleichzeitige Grenzübergänge eine *Poisson*verteilung erhalten:

$$\lim_{\substack{N\to\infty \\ \varkappa t\to 0 \\ N\varkappa t\to\lambda}} P(X = x \mid t) = \frac{\lambda^x}{x!} e^{-\lambda}. \tag{6}$$

Ist die Wahrscheinlichkeit für den Zerfall groß — etwa bei dem Isotop ^{19}F und Meßzeiten $\gtrsim$ 1,5 min —, oder die Atomzahl klein, muß eine statistische Auswertung die Binominalverteilung des Zerfalls zugrunde legen.

Die Binominal- bzw. *Poisson*verteilung des Kernzerfalls an sich ist immer wieder bestätigt worden [7, 6, 8, 18]. Echte Ausnahmen [11] — abgesehen von Kernkettenreaktionen — scheinen äußerst selten und schwer interpretierbar.

2.2. Die Statistik der Kernstrahlungsmessung

Frigerio [6] wies nachdrücklich darauf hin, daß i. allg. die Statistik der Kernstrahlungsmessung nicht mit der Statistik des Kernzerfalls identisch ist. Somit ergibt sich die Frage, unter welchen Bedingungen die Messung von Zerfallsakten als *mit hinreichender Genauigkeit* poissonverteilt angesehen werden kann. Koinzidenzmessungen sollen aus den folgenden Überlegungen ausgeschlossen bleiben.

Setzt man *Poisson*verteilung der in der Meßprobe stattfindenden radioaktiven Zerfallsakte voraus, so ist prinzipielle Voraussetzung für *Poisson*verteilung des von Meßprobe und Untergrund hervorgerufenen Teilchen- und/oder Quantenstromes eine *Poisson*verteilung des zur Messung gelangenden Untergrundanteils. Ist die Impulsrate der Meßprobe groß gegen die Impulsrate des Untergrunds, können Abweichungen des Untergrundanteils von einer *Poisson*verteilung toleriert werden.

Ausgangspunkt der weiteren Betrachtung sei ein idealer Detektor, der ohne Totzeit- und sonstige Verluste, mit 4π-Geometrie ausgestattet, jedes bei einem Zerfallsakt auftretende Teilchen oder Quant durch ein definiertes Signal ausweist.

Aus der Definition des *Poisson*schen Prozesses ergibt sich dann die Forderung, daß für eine *Poisson*verteilung der vom Detektor gelieferten Signale pro Zerfallsakt genau 1 Teilchen oder Quant emittiert werden muß. Dies ist im allgemeinen nur beim α-Zerfall streng erfüllt. Beim β/γ-Zerfall oder beim Auftreten selbst radioaktiver Tochternuklide sind die Forderungen der Definition des *Poisson*schen Prozesses verletzt.

Andererseits nutzt die Korrelationstechnik [12, 13] gerade diesen Sachverhalt zur statistischen Auswertung, worauf hier nicht näher eingegangen wird. Läßt man Forderung 2 der Definition fallen, so gelangt man zur „stotternden“ *Poisson*verteilung [10], für die sich ebenfalls, allerdings recht komplizierte, Verteilungsgesetze angeben lassen.

Dies ändert sich, wenn der Detektor es gestattet, nur Teilchen oder Quanten einer Art und/oder einer bestimmten Energie in Signale umzusetzen. Inwieweit dies im Sinne der Statistik bei β- und γ-Detektionssystemen erfüllt ist, muß experimentell entschieden werden.

Reale Detektoren besitzen meist einen Geometriefaktor $g < 1$ und eine innere Effektivität $\eta_D < 1$. g, η_D und ggf. weitere Faktoren werden hier zumindest als prinzipiell numerisch wohlbestimmte Konstanten aufgefaßt. g und η_D lassen sich als Wahrscheinlichkeit dafür interpretieren, ob ein emittiertes Teilchen tatsächlich registriert wird. Dann ist bei insgesamt x Zerfallsakten die registrierte Signalzahl y durch die Binominalverteilung

$$P(Y = y \mid X = x) = \binom{x}{y} \cdot (g\eta_D)^y \cdot (1 - g\eta_D)^{x-y} \tag{7}$$

gegeben. Das ist eine zusammengesetzte Wahrscheinlichkeitsverteilung, da der Parameter x selbst eine Zufallsvariable ist. Die interessierende, über die *Poisson*verteilung von X „gemittelte“ Verteilung von Y ist in diesem Fall wieder eine *Poisson*verteilung mit dem Parameter $g\eta_D\lambda$:

$$P(Y = y) = e^{-g\eta_D\lambda} \frac{(g\eta_D\lambda)^y}{y!} \tag{8a}$$

$$= e^{-\lambda'} \frac{\lambda'^y}{y!} \tag{8b}$$

Gleiches gilt für alle Faktoren, die sich als eine solche Wahrscheinlichkeit interpretieren lassen, z. B. auch die Selbstabsorption. Derartige Faktoren führen also nicht zur Abweichung von einer *Poisson*verteilung.

Bei Vernachlässigung des Untergrundanteils berechnet man bei Kenntnis eines solchen Gesamtfaktors f aus einer Impulsratenmessung y die Aktivität x der Probe nach $x = y/f$. Die Varianz dieses Ergebnisses ergibt sich demzufolge nicht aus dem Fehlerfortpflanzungsgesetz zu $\sigma_x^2 = y/f^2$, wie an anderer Stelle [14] angenommen. Es ist $\sigma_x^2 = x = y/f$, da mit x ein Schätzwert für die den Zerfall charakterisierende *Poisson*verteilung vorliegt.

Faktoren, die sich nicht als Wahrscheinlichkeit interpretieren lassen, wie etwa eine Aliquotierung, verlangen natürlich die Anwendung des Fehlerfortpflanzungsgesetzes.

Ein weiterer Schritt auf dem Weg zum realen Detektor ist die Berücksichtigung der Totzeit. Die Beeinflussung der Wahrscheinlichkeitsverteilung durch die Totzeit ist der wesentliche Gegenstand der Kritik an der Anwendbarkeit der *Poisson*verteilung auf Impulsratenmessungen.

Es wurden Statistiken veröffentlicht, etwa die von *Brockwell* und *Moyal* [15] oder von *Müller* [7], welche die Abhängigkeit des Meßergebnisses von der Totzeit explizit berücksichtigen. Verschiedene Autoren versuchten, diese Statistiken experimentell zu verifizieren. Die statistische Auswertung erfolgte mit einem χ^2-Anpassungstest.

3. Experimentelle Untersuchungen zur Verifizierung der Statistiken von Brockwell/Moyal und Müller

Für eindeutige Aussagen zugunsten der o. g. Statistiken sind sehr viele Wiederholungsmessungen notwendig. Dabei wird zur Vermeidung von Langzeitschwankungen mit sehr kurzen Meßzeiten gearbeitet.

Frigerio [6] untersuchte den α-Zerfall von ^{235}U in einem Proportionalzählrohr bei einer Präparataktivität von etwa 1000 Bq. Die Meßzeit betrug 16,65 ms bei einer Totzeit von 8,8 µs. Die 872022 zur Auswertung benutzten Messungen ergaben eine mittlere Impulsrate von $1{,}2247 \cdot 10^3\ s^{-1}$. *Frigerio* fand hierbei eine eindeutige Abweichung von einer *Poisson*verteilung. Die *Brockwell-Moyal*-Statistik konnte hingegen bestätigt werden. Für eine weitere Meßreihe erhält er das gleiche Resultat und kommt insgesamt zu dem Schluß, daß die *Poisson*verteilung höchstens bei Totzeiten < 1 µs anwendbar ist.

Jordan und *McBeth* [8] untersuchten die verschiedensten Strahlenarten und Detektoren. Ihre Impulsraten lagen beispielsweise bei ca. $800\ s^{-1}$ für die Messung mit dem *Geiger-Müller*-Zählrohr und bei ca. $2000\ s^{-1}$ im Falle eines NaI(Tl)-Scintillatorkristalls. Die Meßzeiten betrugen 40 ms bzw. 20 ms. Bei sehr großer Zahl der Wiederholungsmessungen finden sie Abweichungen von der *Poisson*verteilung und Annahme der *Müller*-Statistik. Bei geringerer Zahl der Wiederholungsmessungen kann die *Poisson*verteilung nicht in allen Fällen verworfen werden.

Übereinstimmend wird festgestellt, daß die erfolgreiche Anpassung der Messungen an die *Brockwell-Moyal*- oder die *Müller*-Statistik die Bestätigung für den *Poisson*-Charakter des Zerfallsprozesses beinhaltet.

4. Experimentelle Untersuchungen zur Poissonverteilung von Einzelmessungen

Wir haben, ebenfalls mit Hilfe des χ^2-Anpassungstests, untersucht, ob sich im Zusammenhang mit Messungen, wie sie in der radiochemischen Praxis auftreten, die *Poisson*verteilung anwenden läßt.

Bei der Zählung sehr vieler Impulse geht wegen $\delta = \sigma_x/\bar{X} = 1/\sqrt{\lambda}$ der Variationskoeffizient der *Poisson*verteilung gegen Null. Bereits bei der Zählung von 10^6 Impulsen beträgt die durch den stochastischen Charakter des Zerfallsprozesses verursachte relative Varianz also nur noch 0,1%. Will man den Einfluß eines Parameters, etwa der Totzeit, auf die Statistik untersuchen, müßten dann alle anderen Fehlerquellen eine relative Varianz $< 0{,}1\%$ des Meßergebnisses verursachen.

4.1. *Meßtechnische Details*

Alle Messungen erfolgten mit einem Kernstrahlungsmeßplatz des VEB RFT „Otto Schön", Dresden (Abschirmelement VA-H-161; Sonde VA-S-968; Linearverstärker-Analysator VA-V-100, $T_1 = T_2 = 1$ µs, $T_0 = 1$ µs, Verstärkung 36 dB, Hochspannung 750 V; 10-MHz-Zähler VA-G-120). Die Stromversorgung wurde mit einem automatischen Spannungskonstanthalter 220/2,25 des VEB Statron Fürstenwalde stabilisiert. Zur Messung von γ-Komponenten diente ein NaI(Tl)-Szintillatorkristall Typ SKG und zur β-Messung eine Szintillatorfolie Typ SPF U04 der Fa. Tesla, ČSSR. Die rechentechnische Verarbeitung erfolgte off-line mit einer EDVA BESM6.

Als γ-Strahlungsquellen wählten wir die Annihilationsstrahlung des Nuklids ^{22}Na und die γ-Komponente 0,662 MeV des bei der β^--Umwandlung von ^{137}Cs entstehenden Nuklids ^{137m}Ba. Die Messungen erfolgten jeweils im Photopeak bei einer Kanaleinstellung am Analysator von $(5{,}5 + 0{,}5)$ V bzw. $(6{,}5 + 0{,}5)$ V. Die für Totzeitverluste relevanten Gesamtbelastungen des Detektors oberhalb 0,5 V betrugen ca. $850\ s^{-1}$. Zur Untersuchung der Statistik bei einer β-Messung wurde die β^--Strahlung von ^{137}Cs untersucht. Die Kanaleinstellung lag bei $(0{,}5 + 1{,}0)$ V und die Gesamtbelastung bei ca. $500\ s^{-1}$.

4.2. *Verarbeitung der Meßergebnisse* (x_i)

Es wurden sukzessive die Mittelwerte

$$\bar{x}_j = \frac{1}{j} \sum_{i=1}^{j} x_i \tag{9}$$

und für den χ^2-Anpassungstest [17, 19]

$$\hat{\chi}^2 = \frac{1}{\bar{x}_j} \sum_{i=1}^{j} (x_i - \bar{x}_j)^2 \tag{10}$$

berechnet. i läuft von 1 bis n, der Gesamtzahl der jeweiligen Messungen. Gl. (9) ist bekanntlich das gleitende Mittel. In Analogie könnte man Gl. (10) als „gleitendes χ^2" bezeichnen. $\hat{\chi}^2$ ist approximativ χ^2-verteilt mit $f = j - 2$ Freiheitsgraden. Zur leichteren Auswertbarkeit bei hohen Werten j wurde $\chi^2_{q;f}$ wie üblich durch die Normalverteilung approximiert und demzufolge $\hat{u}$ nach

$$\hat{u} = \sqrt{2\hat{\chi}^2} - \sqrt{2j - 5} \tag{11}$$

mit den Quantilen $u_{1-\alpha}$ der Normalverteilung verglichen. Die Annahme einer *Poisson*verteilung wird mit der Irrtumswahrscheinlichkeit α verworfen, falls $\hat{u} > u_{1-\alpha}$.

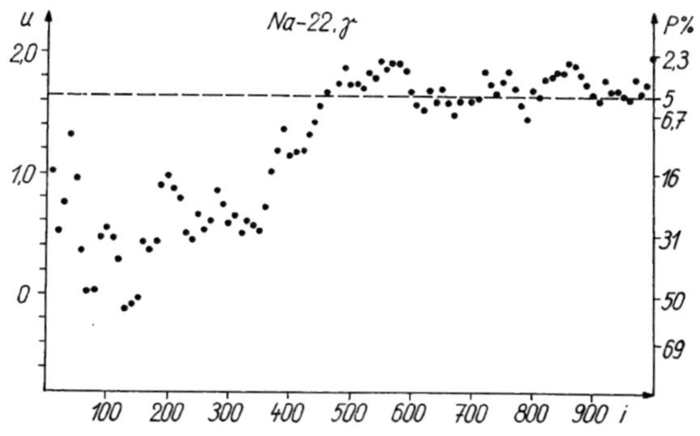

Abb. 1a. Gleitendes χ^2 für γ-Messungen an ^{22}Na
Meßzeit 1 min

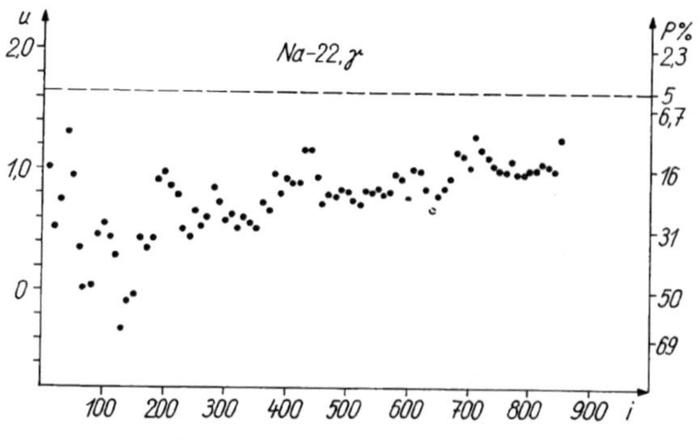

Abb. 1b. Gleitendes χ^2 für die Abb. 1a zugrunde liegenden Daten unter Auslassung der 360. bis 500. Messung

Die Werte von $\hat{u}$ für die Untersuchungen der Präparate sind in den Abb. 1–4 in Abhängigkeit von i aufgetragen. Der Verlauf des gleitenden Mittels ist auszugsweise in Tab. 1 gegeben. Der Nulleffekt, Abb. 5, zeigte in keinem Falle eine Abweichung von einer *Poisson*verteilung.

4.3. *Auswertung und Anpassungstests*

4.3.1 ^{22}*Na.* Der zeitliche Verlauf von $\hat{u}$ ist in Abb. 1a aufgetragen. Die Gesamtmeßdauer betrug für $n = 1000$ bei einer Meßzeit von 1 min etwa 17 h.

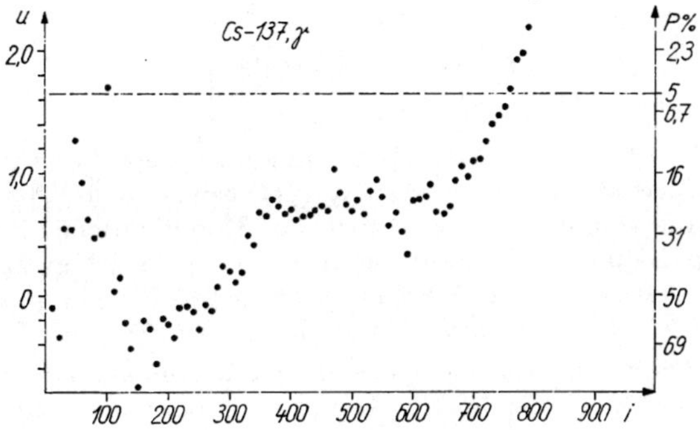

Abb. 2. Gleitendes χ^2 für γ-Messungen an ^{137m}Ba
Meßzeit 1 min.

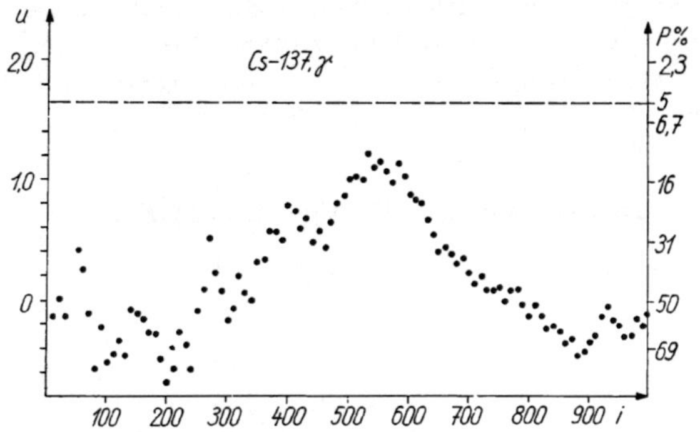

Abb. 3. Gleitendes χ^2 für γ-Messungen an ^{137m}Ba
Meßzeit 0,6 s

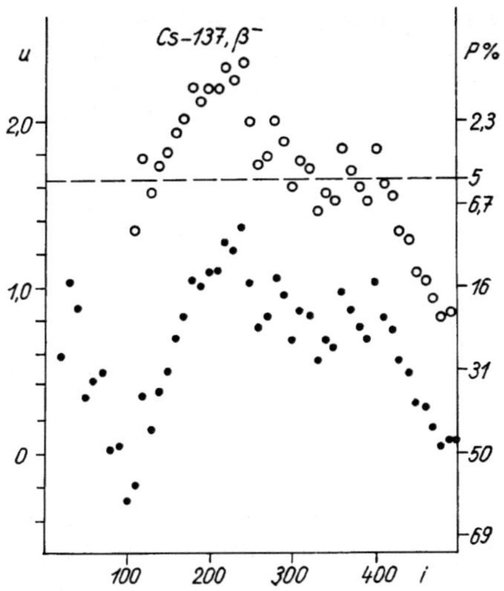

Abb. 4. Gleitendes χ^2 für β⁻-Messungen an ^{137}Cs
Meßzeit 1 min. (○) – Verlauf nach der 103. Messung ohne Eleminierung des Ausreißers

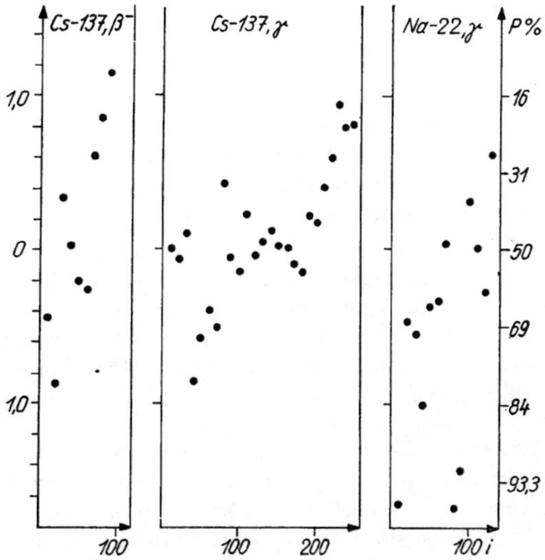

Abb. 5. Gleitendes χ^2 für die Nulleffekte
Meßzeiten jeweils 1 min

Tab. 1. Gleitende Mittel für die in den Abb. 1a und 2 bis 4 mit dem χ^2-Test ausgewerteten Impulsratenmessungen (auszugsweise)

Abb.: 1a		2		3		4	
i	$\bar{x}$	i	$\bar{x}$	i	$\bar{x}$	i	$\bar{x}$
250	897,4	600	4492	600	44,75	50	1526
260	897,9	610	4491	610	44,73	60	1529
270	898,5	620	4491	620	44,72	70	1532
280	898,0	630	4491	630	44,72	80	1531
290	898,5	640	4491	640	44,70	90	1531
300	898,6	650	4490	650	44,67	100	1532
310	898.2	660	4490	660	44,68	110	1533
320	898,0	670	4489	670	44,64	120	1533
330	897,3	680	4488	680	44,66	130	1532
340	897,3	690	4488	690	44,66	140	1532
350	897,3	700	4488	700	44,68	150	1532
360	896,9	710	4487	710	44,68		
370	897,7	720	4487	720	44,69	450	1532
380	898,2	730	4486	730	44,66	460	1532
390	898,5	740	4486	740	44,68	470	1531
400	898,7	750	4485	750	44,68	480	1531
410	898,7	760	4484	760	44,70	490	1531
420	898,6	770	4484	770	44,67	500	1531
430	898,5	780	4484	780	44,66		
440	898,7	790	4483	790	44,68		
450	898,6	800	4483	800	44,67		
460	898,7						
470	898,8						
480	898,9						
490	898,9						
500	898,8						

Bis etwa zur 500. Messung wird für eine Irrtumswahrscheinlichkeit von 5% die *Poisson*verteilung nicht abgelehnt.

Zwischen der 360. und 500. Messung ist offenbar ein varianzvergrößernder Effekt aufgetreten. Das können z. B. Schwankungen der Betriebsparameter des Meßsystems sein. Führt man die Rechnung noch einmal unter Fortlassung dieser Werte durch, Abb. 1b, so wird die *Poisson*verteilung durchgängig nicht abgelehnt.

4.3.2. ^{137m}Ba. Die etwa ab der 710. 1-min-Messung, Abb. 2, erfolgende Ablehnung der *Poisson*verteilung wird hier, wie Tab. 1 zeigt, durch einen Trend im gleitenden Mittel hervorgerufen.

Eliminiert man die Möglichkeit von Langzeitschwankungen durch kurze Meßzeiten, so erhalten wir bis zu 1000 Messungen eine sehr gute Anpassung an eine *Poisson*verteilung. Das gleitende χ^2 ist für eine Meßzeit von 0,6 s in Abb. 3 dargestellt. Das gleitende Mittel läßt keinen Trend erkennen.

4.3.3. ^{137}Cs. Abb. 4 zeigt den lehrreichen Fall, daß ein einzelner Ausreißer, $x_{103} = 1724$, der das gleitende Mittel praktisch nicht beeinflußt, die Meßwerte als nicht poissonverteilt erscheinen läßt. Ersetzt man diesen Wert willkürlich durch $x'_{103} = 1524$, so führt der χ^2-Test nicht zur Ablehnung der *Poisson*verteilung für alle 500 Messungen.

Es muß eingefügt werden, daß der χ^2-Test kein Ausreißertest ist. Hier ist die Sachlage allerdings klar und x_{103} auch exakt als Ausreißer identifizierbar.

5. Die statistische Auswertung von Einzelmessungen (Fall A)

Ist die *Poisson*verteilung für eine Meßaufgabe nicht abgelehnt worden, so kann man die folgenden statistischen Maßzahlen berechnen.

Erwartungswert $E(X)$ und Varianz $D^2(X) = \sigma^2$ der *Poisson*verteilung (4) sind

$$E(X) = \lambda\,, \qquad D^2(X) = \lambda$$

Auf dieser Übereinstimmung beruhen für die *Poisson*verteilung spezielle Auswerteverfahren und Tests.

Als Schätzwert $\hat{\lambda}$ für den Parameter λ erhält man

$$\hat{\lambda} = \bar{X} \tag{12a}$$

$$= \frac{1}{n} \sum_{i=1}^{n} X_i \tag{12b}$$

Da die *Poisson*verteilung nur einen Parameter besitzt, ist in dieser Hinsicht ein radioaktives Präparat vollständig durch seine mittlere Impulsrate charakterisiert.

$\bar{X}$ selbst ist jedoch nicht poissonverteilt. Man sieht das schon daran, daß $\bar{X}$ natürlich alle rationalen Werte $\geqq 0$ annehmen kann, wohingegen X in Gl. (4) auf natürliche Zahlen beschränkt ist. Die Verteilung von $\bar{X}$ ist [16]

$$P(\bar{X} = r) = \frac{(n\lambda)^{nr}}{(nr)!} e^{-n\lambda} \tag{13}$$

Erwartungswert und Varianz sind

$$E(\bar{X}) = \lambda\,, \qquad D^2(\bar{X}) = \lambda/n$$

Ein asymptotisches zweiseitiges Konfidenzintervall zur Irrtumswahrscheinlichkeit α erhält man aus

$$\lambda^{(0)/(u)} = \bar{x} + \frac{1}{2n} u^2_{1-(\alpha/2)} \pm u_{1-(\alpha/2)} \sqrt{\frac{\bar{x}}{n} + \frac{1}{4n^2} u^2_{1-(\alpha/2)}} \tag{14}$$

Im Fall von Messungen mit Impulsvorwahl sind Erwartungswert und Varianz von t_x

$$E(t_x) = x/(N\varkappa)\,, \qquad D^2(t_x) = x/(N\varkappa)^2$$

Als Schätzwerte für $N\varkappa$ und dessen Varianz ergeben sich [17]

$$\widehat{N\varkappa} = \frac{x-1}{t_x}\,, \qquad \hat{\sigma}^2_{\widehat{N\varkappa}} = \frac{(x-1)^2}{t_x^2 (x-2)} = \frac{x}{t_x^2} + \frac{1}{t_x^2 (x-2)} \tag{15a, b}$$

Ein zweiseitiges Konfidenzintervall für $N\varkappa$ zur Irrtumswahrscheinlichkeit α ist

$$\left[\frac{\chi^2_{\alpha/2;\,2x}}{2t_x}\,, \quad \frac{\chi^2_{1-(\alpha/2);\,2x}}{2t_x}\right] \tag{16}$$

Es ist hier nicht der Platz, um auf spezielle Verfahren und Tests für die *Poisson*verteilung (4) bzw. (13) und Messungen mit Impulsvorwahl einzugehen. Kombinationen von Impuls- und Zeitvorwahl können zu sequentiellen Tests genutzt werden. Vieles findet sich in den Monographien von *Weise* [4], *Stevenson* [3] und *Goldanskii* [5].

Bei Fehlen solcher spezieller Methoden kann i. allg. auf Verfahren, die für die Auswertung normalverteilter Messungen *bei bekannter Varianz* entwickelt wurden, zurückgegriffen werden.

Die Auswertung von Messungen, für die der Grenzübergang (6) nicht vollzogen werden kann, muß auf der Grundlage der Binominalverteilung (2) erfolgen.

Als Schätzwert für N ergibt sich auf Grund einer Einzelmessung

$$\hat{N} = x/p \tag{17}$$

Ein approximatives zweiseitiges Konfidenzintervall ist

$$N^{(0)/(u)} = \frac{x}{p} + \frac{u^2_{1-(\alpha/2)}}{2} \cdot \frac{1-p}{p} \pm u_{1-(\alpha/2)} \cdot \frac{1-p}{p} \cdot \sqrt{\frac{u^2_{1-(\alpha/2)}}{4} + \frac{x}{1-p}} \tag{18}$$

6. Die statistische Auswertung radiochemischer Meßreihen (Fall B)

Bislang haben wir uns nur mit der Statistik bei der Messung *eines* Präparats beschäftigt. Die Fehlerquellen erfahren jedoch bei radiochemischen Meßreihen, etwa der Auszählung mehrerer Meßpräparate von einer Produktionscharge, zusätzlich zu dem stochastischen Charakter der Einzelmessungen Ausweitungen. Als zusätzliche Fehlerquellen kommen etwa Fehler der Probennahme, unterschiedliche Schichtdicken, unterschiedliche Probenpositionierung im Meßraum u. a. in Frage. Setzt man diese Fehler als normalverteilt voraus, so sind die Ergebnisse der Kernstrahlungsmessung ebenfalls normalverteilt mit einer vom Mittelwert unabhängigen Varianz. Diese Varianz muß hier wie üblich nach

$$s^2 = \frac{1}{n-1} \sum_{i=1}^{n} (x_i - \bar{x})^2 \tag{19}$$

geschätzt werden. Will man in solchen Fällen Konfidenz- und Toleranzintervalle berechnen, die Aktivitäten zweier Chargen vergleichen, so sind die für Normalverteilung bei unbekannter Varianz entwickelten Methoden zu benutzen. Das sind insbesondere die verschiedenen t-Tests und auf ihnen beruhende Schätzungen.

Wenn die zusätzliche Varianzvergrößerung nicht wesentlich ist, bleibt man bei diesem Vorgehen auf der sicheren Seite hinsichtlich des Risikos erster Art. Allerdings sind bei gleichem Risiko erster Art Konfidenz- und Toleranzgrenzen sowie das Risiko zweiter Art größer als bei der Anwendung der *Poisson*verteilung.

Sucht man die mittlere Aktivität mehrerer Präparate auf der Grundlage der *Poisson*verteilung der Einzelmessungen zu bestimmen, so muß für λ eigentlich eine *Bayes*-Schätzung vorgenommen werden [3, 4]. Dies führt in praktisch lösbaren Fällen jedoch nicht zu einem von der einfachen Mittelwertbildung wesentlich verschiedenen Ergebnis.

7. Schlußbemerkungen

Die Statistik einer Kernstrahlungsmessung muß in jedem Einzelfall experimentell bestimmt werden. Die Prüfung auf *Poisson*verteilung kann mit $\hat{\chi}^2$ nach Gl. (10) geschehen. Dabei ist zu berücksichtigen, daß $\hat{\chi}^2$ für die ersten bzw. wenige Meßwerte stark schwanken kann.

Die Poissonverteilung kann nicht von vornherein als zur Beschreibung der Zählstatistik ungeeignet angesehen werden. Sie dürfte in vielen praktischen Fällen, wo es nicht auf Präzisionsmessungen an einem Präparat ankommt, die Statistik hinreichend genau widerspiegeln.

Auch für den Nulleffekt bleibt die *Poisson*verteilung in vielen Fällen anwendbar.

Führt ein χ^2-Test zur Ablehnung einer *Poisson*verteilung, so kann es dafür neben einer tatsächlichen Abweichung von poissonschem Verhalten der Zählstatistik drei weitere Ursachen geben:

1. ein Trend im gleitenden Mittel,
2. ein varianzvergrößernder Effekt bei konstantem Mittel,
3. ein Ausreißer unter den Meßwerten.

Nur wenn diese drei Möglichkeiten sicher ausgeschlossen werden können, ist es sinnvoll, die Meßwerte nach einer die Totzeit berücksichtigenden Statistik zu verarbeiten.

Bei einer statistischen Auswertung ist wie stets zwischen Messungen an einem Präparat (Fall A) und der Auswertung von Messungen an mehreren Präparaten (Fall B) prinzipiell zu unterscheiden.

Eingegangen am 5. 2. 1980

Literatur

[1] *E. v. Schweidler*, Congres Intern. de Radiologie, Leige 1905
[2] *A. Hald*, Statistical Theory with Engineering Applications, London 1952
[3] *P. C. Stevenson*, Processing of Counting Data, NAS-NS 3109, Washington 1966
[4] *L. Weise*, Statistische Auswertung von Kernstrahlungsmessungen, Oldenbourg, München und Wien 1971
[5] *В. И. Тольбанский, А. В. Куценко, М. И. Побгорецкий*, Статистика отсчетов при регистраций ядерных частиц, физиматгиз, Москва 1959 г.
[6] *N. A. Frigerio*, Nucl. Instr. and Meth. **114** (1974) 175
[7] *J. W. Müller*, Nucl. Instr. and Meth. **112** (1973) 47
[8] *D. R. Jordan, G. W. Mcbeth*, Nucl. Instr. and Meth. **155** (1978) 557
[9] Lexikon der Stochastik, Hrsg. *P. Müller*, Akademie-Verlag, 2. Aufl., Berlin 1975
[10] *F. A. Haigth*, Handbook of the Poisson Distribution, (Publications in Operations Research vol. 11) Wiley, New York 1967
[11] *J. L. Anderson*, J. Physic. Chem. **76** (1972) 3603
[12] *A. Williams, V. E. Lewis, S. Smith*, Nucl. Instr. and Meth. **112** (1973) 285
[13] *V. E. Lewis, D. Smith, A. Williams*, Metrologia **9** (1973) 14
[14] *G. E. Wyld*, Statistical Confidence, in: The Current Status of Liquid Scintillation Counting, *E. D. Bransome*, ed., Grunde & Stratton, New York 1970
[15] *P. J. Brockwell, J. E. Moyal*, J. Appl. Prob. **3** (1966) 280
[16] *M. Fisz*, Wahrscheinlichkeitsrechnung und mathematische Statistik, Dt. Verlag der Wissenschaften, 6. Aufl. Berlin 1970
[17] *B. L. Van der Waerden*, Mathematische Statistik, J. Springer, 2. Aufl. Berlin usw. 1965
[18] *A. Spernol*, Nucl. Instr. and Meth. **112** (1973) 23
[19] *R. A. Fisher*, Statistical Methods for Research Workers, 14th ed., Oliver & Boyd, London 1970

Uranium Isotope Fractionation in Ion Exchange Chromatography Using Uranyl-Carboxylate Complexes

M. Okamoto, R. Goda, A. Nakagawa, Y. Sakuma, H. Kakihana

(Research Laboratory for Nuclear Reactors, Tokyo Institute of Technology)[1]

A systematic study on the isotope fractionation occurred in the isotopic exchange reaction has been carried out by means of ion exchange chromatography using uranyl-carboxylate complex formation reactions. On a cation exchange resin column, an isotopic plateau holding displacement chromatogram has been performed and the magnitudes of the isotope effects have been determined for the three cases of uranyl-carboxylate, uranyl-acetate, uranyl-tartrate and uranyl-citrate. The elemental separation coefficients were found to be 0.8×10^{-4} for acetate ligand, 1.2×10^{-4} for tartrate ligand and 1.8×10^{-4} for citrate ligand. The enrichment of ^{235}U in relation to ^{238}U was observed in the uranyl-carboxylate complexes in all times.

Keywords

ion exchange chromatography; isotope effects; isotope separation; isotopic exchange; uranium isotopes; uranyl complexes;

Introduction

Isotope fractionations based on isotopic exchange reactions of uranyl-carboxylate complexes were studied by *M. Ćirić* using a cation exchange chromatographic process in 1968 [1]. *M. Ćirić* reported that either in the case of acetate or citrate complex, the isotope ^{235}U was enriched in uranyl ion existed in the resin phase. On the other hand, *M. Okamoto* et al. [2] have reported that the lighter isotope ^{235}U was enriched in the uranyl-carboxylate complex existed in the external solution phase by a similar cation exchange

[1]) Address: Meguro-Ku, Tokyo, 152 Japan

chromatographic procedure to *M. Čirič*'s one. In order to discuss these results opposed each other, a detailed study of the isotope fractionation based on isotopic exchange reaction had to be carried out systematically.

In the mean time, *H. Kakihana* et al. [3] obtained remarkable results on boron isotope separation by ion-exchange chromatographic process and developed their theoretical studies on the analysis of the chromatographic separation of isotopes in general. Based on these studies they proposed that "isotopic plateau holding displacement chromatography" only allow us to obtain the quantitative separation factor as a constant with physico-chemical meaning and confirmed that, when "isotopic plateau holding displacement chromatography" was accomplished for boron isotope separation, the unit isotope fractionation of boron isotope was steadily accumulated as increase of the displacement distance and the elemental separation coefficient was truely constant independently on the displacement distance.

In the present work, the isotopic plateau holding displacement chromatography was performed on a cation exchange resin column for the system of citrate, tartrate and acetate complexes of uranyl to determine the elemental separation coefficients of the systems as well as to confirm the enrichment direction of ^{235}U.

Experimental

1. *Resin column and uranium band formation*

The column used had 1 cm diameter and 200 cm or 400 cm resin bed height, and had a water jacket for temperature control. The resin was a strongly acidic cation exchange resin PK-1 or LS-6 (100—200 meshes) supplied from Asahi Chemical Industry (Japan). The resin packed in the column was conditioned to convert to H^+ form with 1 N H_2SO_4 and washed with pure water. The uranyl-carboxylate solution was obtained by eluting a cation exchange resin in uranyl form with 0·6 N ammonium carboxylate solution. On the cation exchange resin bed of H^+ form, the uranyl-carboxylate solution was fed to form a uranium band of a suitable length.

2. *Chromatography*

Introducing eluent prepared as shown in Tab. 1 from the top of the column with a constant flow rate using a peristaltic pump, the uranium band began to move down, attained an equilibrium length and then continued displacement migration with a constant velocity down to the bottom of the column. The effluent from the column was collected in fractions.

3. *Analysis*

For each fraction, *p*H, uranium content and uranium isotopic ratio were determined. The *p*H meter used was TDA Electronics Model HM-513. A portion of the fraction was mixed with nitric acid in a crucible, and then heated on a hot plate. After the mixed solution was dried, the crucible was heated in a muffle to convert the uranium salt to uranium oxide and after that it was heated again in an electric furnance at about 1000 °C for one day to complete the conversion. The uranium oxide in the crucible was dissolved with nitric acid to convert to uranyl nitrate, heated to dryness and the dissolved with pure water. The uranyl nitrate solution was used for colorimetric determination of uranium content and for mass spectrometric determination of uranium isotopic ratio. The colorimeter used was a JASCO UVIDEC 405 type spectrophotometer and the mass spectrometer used was a Varian MAT Model CH-5 [4].

Results and discussion

1. *Direction of enrichment of ^{235}U*

The examples of results obtained are shown in Fig. 1, 2 and 3 for acetate, tartrate and citrate cases respectively. These chromatograms and the features of change of isotopic ratios indicates clearly that (i) the isotopic plateau holding displacement chromatography was performed and (ii) the lighter isotope ^{235}U was enriched in the complex species existed in the external solution, which is the reverse of the results obtained by *M. Čirič*.

The reactions that took place in the column are illustrated schematically in Fig. 4. (1) At the rear boundary of the uranium migration band, uranyl ion absorbed in the resin was desorbed from the resin by forming neutral and/or negative charged uranylcarboxylate complex, and this desorption reaction of uranyl ion was accompanied by absorption of ammonium ion by the resin: desorption reaction of uranyl ion. (2) At the frontal boundary of the uranium migration band, the uranyl-carboxylate complex was decomposed into uranyl ion and carboxylate anion by hydrogen ion existed in the resin phase and then uranyl ion

Tab. 1. Experimental Conditions and elemental separation coefficients
Temperature: 25 °C; Band velocity: ca 2 cm/h

Run No.	Eluent	Concentration M	*p*H	Migration Length, cm	Elemental separation coefficient ε	Resin Form
1	NH_4Ac	0·6	5·0	400	0·76	H^+
2	NH_4Ac	0·6	7·0	400	0·83	H^+
3	$(NH_4)_2Tart$	0·3	5·0	186	1·20	H^+
4	$(NH_4)_2Tart$	0·3	6·5	400	1·28	H^+
5	$(NH_4)_2Tart$	0·3	8·5	400	1·20	H^+
6	$(NH_4)_3Cit$	0·2	4·0	200	1·80	H^+
7	$(NH_4)_3Cit$	0·2	7·2	200	1·79	H^+
8	$(NH_4)_3Cit$	0·2	9·0	200	1·70	H^+

was absorbed by the resin: Absorption reaction of uranyl ion. (3) In the uranium band, the isotopic exchange reaction took place between uranyl ion existed in the resin phase and the uranyl-carboxylate complex existed in the external solution phase expressed as

$$({}^{238}UO_2)_{complex} + ({}^{235}UO_2)_{resin} \rightleftarrows ({}^{235}UO_2)_{complex} + ({}^{238}UO_2)_{resin}$$

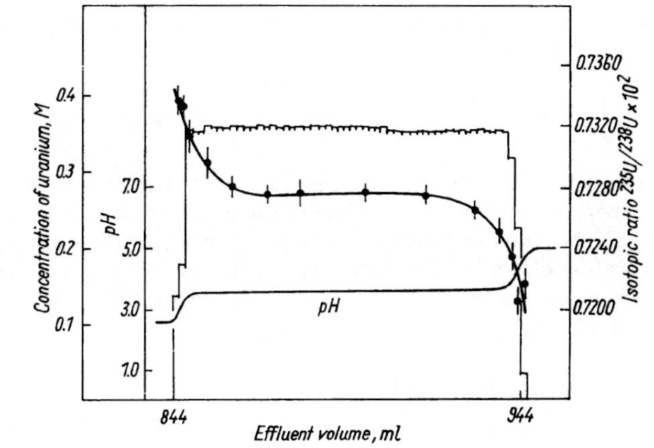

Fig. 1. Chromatogram and isotopic ratios for uranyl-acetate system (Run No. 1)

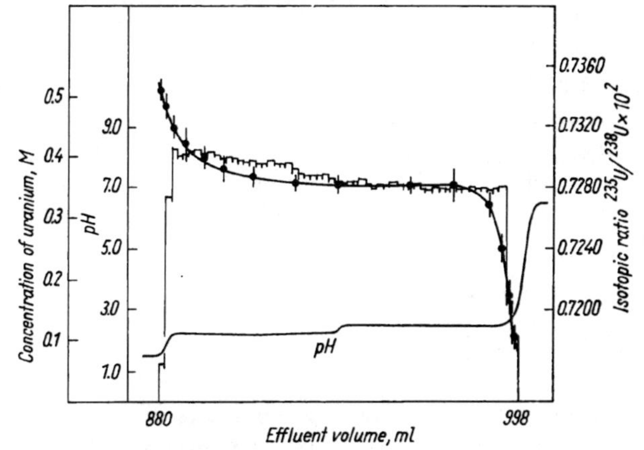

Fig. 2. Chromatogram and isotopic ratios for uranyl-tartrate system (Run No. 4)

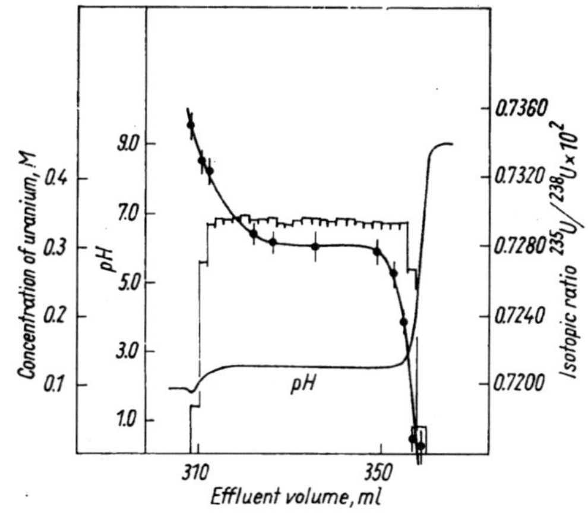

Fig. 3. Chromatogram and isotopic ratios for uranylcitrate system (Run No. 8)

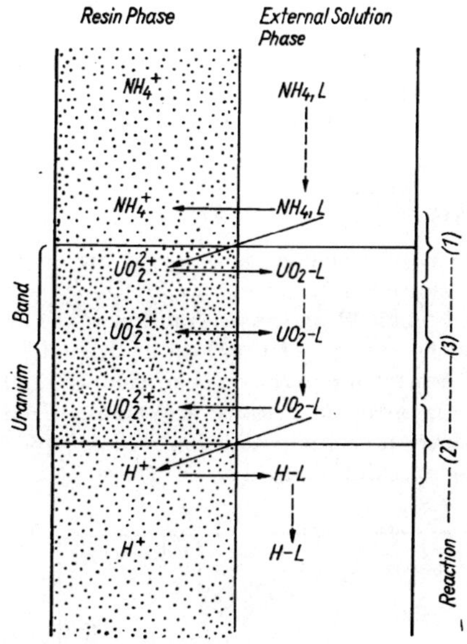

Fig. 4. Shematic model for the reactions in chromatographic Process

L – Ligand (acetate, tartrate, citrate);

UO_2-L – Uranyl-carboxylate complex;

H-L – Carboxylic acid

The stability constants of the uranyl-carboxylate complexes [5] and the dissociation constants of the carboxylic acids can sift the desorption and absorption equilibria (1) and (2), and can realize a displacement chromatogram with very sharp boundaries in both sides of the uranium band.

Clearly from the curves of the isotopic ratios in Fig. 1, 2 and 3, the lighter isotope ^{235}U was enriched at the frontal part of the uranium band and the heavier one was done in the rear part of the uranium band in all cases. This result indicates that the equilibrium constant of the reaction (3) is larger than unity and that the lighter isotope ^{235}U was retained by the uranyl-carboxylate complexes at all time.

For the cases of other ligands, *Spedding* and *Powell* [6] and *Droy* and *Rutenberg* [7] have found a slight enrichment of ^{235}U in the solution phase and *Aaltonen* [8] also reported the same results using HIBA as a ligand with a cation exchange resin column of Dowex 50W. *H. London* [9] described in his famous book that enrichment of ^{234}U in relation to ^{238}U was found in the solution phase using a cation exchange resin column of Dowex 50 and EDTA solution as an eluent.

The direction of the enrichment should be discussed by the two phases distribution theory of isotopes [10] using reduced partition function ratios and the stability constants of the related species in principle. But now we have not adequate data and reliable mothod of esimation of reduced partition function ratios for the condenced phase. The controversy on the direction of the enrichment of ^{235}U in different experiments by means of chemical exchange reaction has been discussed only for the case of the redox process using uranyl ion and uranous ion on an ion exchange column by *H. Kakihana* et al [11], but for further discussion of the present contradiction between *M. Čirić*'s results and ours, it is necessary to get more precise and a large number of experiments of the uranium isotope fractionation in chemical exchange reactions.

2. *Isotope effect*

Evaluating the magnitude of the isotope effect, the elemental separation coefficient (ε) was calculated with the following equation [12] using the analytical data

$$\varepsilon = \frac{\Sigma f_i(R_i - R_0)}{QR_0(1 - R_0)}$$

where Q is the total exchange capacity of the column, R_0 is the original isotopic mole fraction of ^{235}U, R_i is the isotopic mole fraction of ^{235}U in the ith fraction of the uranium band and f_i is the amount of uranium in the ith fraction. In tab. 1, the elemental separation coefficients calculated ε and the experimental conditions are summerized. The elemental separation coefficients calculated are plotted vs pH of the eluent solution in Fig. 5. There is a evident

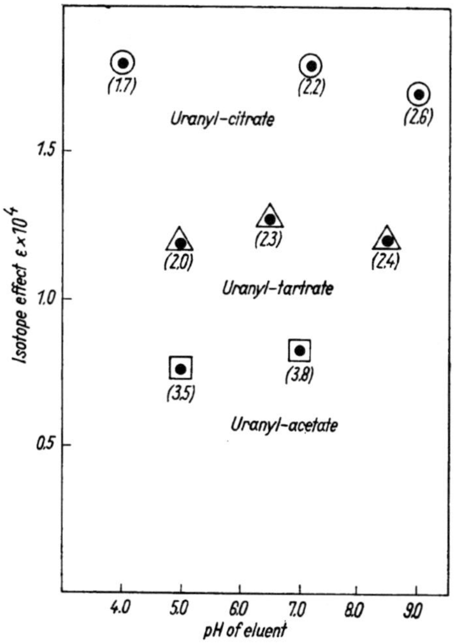

Fig. 5. The isotope effect ε vs pH of eluent
Numbers in blanckets represent pH of external solutions

sequence of the magnitudes of ε among them, like as

$$\varepsilon_{\text{citrate}} > \varepsilon_{\text{tartrate}} > \varepsilon_{\text{acetate}}$$

but there is no appreciable dependency of ε on pH of the eluent solution. Even if the pH of the eluent solution was so much different, the pH of the external solution of uranium band did not differ from other case by buffering effect caused from hydrolysis of uranyl species. Therefore, there are not appreciable change of the uranyl species, which takes place the isotopic exchange reaction in each case of ligand, thus there is no change of ε in relation to the pH of eluent solution.

For discussion, the average number of ionic charge of uranyl species ($\overline{M}$) in the resin phase was estimated using the experimental data. Distribution coefficient (du) of uranyl species can be estimated using its relation to the migration velocity (Vu, cm/h) and the flow rate (V_1 [ml/cm^{2}h]) as follows

$$Vu = \frac{V_1}{du + \alpha}$$

where α is void fraction evaluated to be 0·35 in the present experimental conditions. Using this distribution coefficient and the concentration of uranyl species in the external solution phase (c_u^1, M), the concentration of uranyl species in the resin phase (c_u^s, M) can be evaluated by the following relation

$$du = \frac{C_u^s}{C_u^1}(1 - \alpha)$$

$$\therefore\ C = \frac{du \times C_u^1}{1 - \alpha}$$

Here, we evaluated pH of the resin phase (C_H^s) as

$$C_H^s = 10^{-0.8 \times pH^1}$$

where pH^1 is pH of the external solution.

In the case of strongly acidic cation exchange resin, pH of the resin phase can be estimated from pH of external solution with a factor 0·8 in general. The exchange capacity of the resin (q, eq/l$_{\text{resin}}$) is evaluated with following equation

$$q = C_u^s \times \overline{M} + C_H^s \times 1$$

$$\therefore\ \overline{M} = \frac{q - C_H^s}{C_u^s}$$

Using this relation, the average number of ionic charge of uranyl species in the resin phase was estimated to be 2+ for citrate and tartrate cases, and to be 1·5+ for acetate case. The results esimated are summerized in Tab. 2.

On the other hand, the mole fraction of uranyl species existed in the external solution phase also calculated as a function of pH of the external solution and the results are shown in Fig. 6 and Fig. 7 for citrate and for acetate respectively.

Tab. 2. The average number of ionic charge of the uranyl species in the resin phase

	Eluent Conc. M	Eluent pH	V^1 ml/cm^{2}h	V_U cm/h	du	C_U^1 M	C_U^s M	pH^1	C_H^s M	$\overline{M}$
Acetate	0·6	5·0	5·0	2·0	2·5	0·36	1·4	3·60	0·001	1·4
Tartrate	0·3	9·0	6·1	2·4	2·2	0·32	1·1	2·15	0·019	2·0
Tartrate	0·3	5·0	5·9	2·3	2·2	0·31	1·0	2·05	0·023	1·8
Citrate	0·2	7·2	5·0	2·0	2·2	0·28	1·0	2·15	0·019	2·1
Citrate	0·2	7·0	5·7	2·1	2·4	0·29	1·1	2·10	0·021	1·8

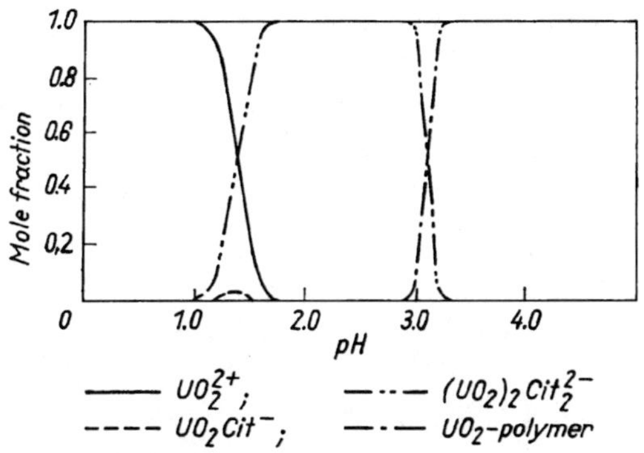

Fig. 6. The mole fraction of uranylcitrate complexes

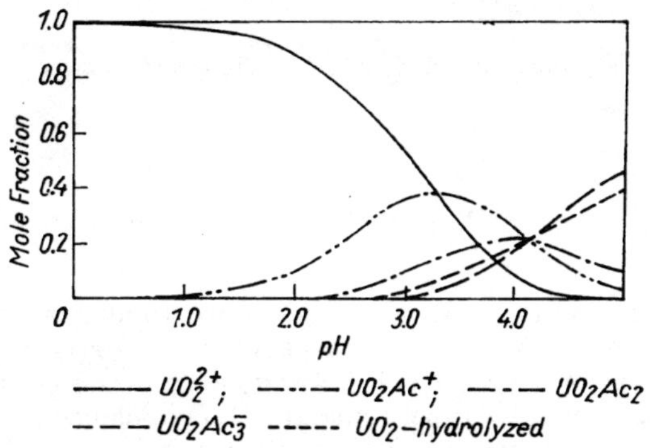

Fig. 7. The mole fraction of uranylacetate complexes

From these estimations, it can be said that the main species of uranyl existed in the resin phase are UO^{2+} for citrate and tartrate cases and UO_2^{2+} and UO_2Ac^+ for acetate case, and the main species existed in the external solution phase are $(UO_2)_2\,Cit_2^{2-}$ for citrate case, and UO_2Ac_2 and $UO_2Ac_3^-$ for acetate respectively. For tartrate case, we have no adequate data for calculation, however, it can be said that, in the present experimental conditions, the main species of uranyl-tartrate is esimated to be a dimer $(UO_2)_2$ $Tart_2$ [5], and it may has a relatively large stability constant, which is smaller than that of citrate complex but larger than that of acetate complexes. [5]

Using the results of the above estimation, we illustrate the isotopic exchange reactions occurred in the column in Fig. 8. According to the two phases distribution theory of isotopes [12], the elemental separation coefficient ε can be calculated with good approximation by the following equation

$$\varepsilon = \sum_{n=0}^{r} \sum_{t=0}^{T} X_{nt} f_{nt} - \sum_{n=0}^{r} \sum_{s=0}^{S} \overline{X}_{ns} \overline{f}_{ns}$$

where X_{ns} and $\overline{X}_{nt}$ are the mole fractions of uranyl species which distribute in the external solution phase and the resin phase respectively, f_{nt} and $\overline{f}_{ns}$ are the reduced partion function ratios of the species which distribute in the external solution phase and in the resin phase respectively. This equation shows that, if UO_2^{2+} ion as an aquo-complex has the largest reduced partion function ratio (among the species questioned here, it seems to be reasonable [13]), coexistence of the other species in the same phases causes ε to reduce intensively, because the mole fraction X_{nt} and $\overline{X}_{ns}$ are always smaller than unity. Therefore, it may be

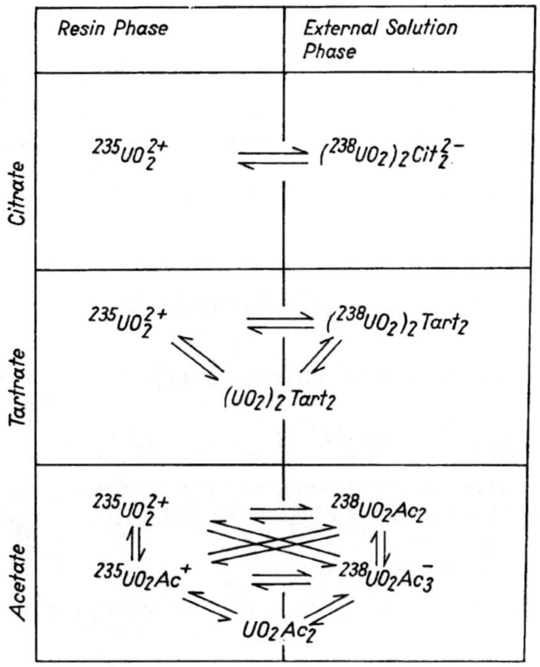

Fig. 8. Isotopic exchange reactions which take place in the column

concluded that the simplest case of distribution of uranyl species, the case of citrate, should give the largest ε and the most complicated case, the acetate case, give the small ε. For further discussion on the direction of enrichment and also on the magnitude of isotope effect, it is necessary to carry out large number of experiments of ion-exchange chromatographic separation of uranium isotopes and also to obtain reliable data from the solution chemistry of uranium.

Conclusion

1) For the isotope separation of uranium by means of ion-exchange chromatography, the isotopic plateau holding displacement chromatography was accomplished using the complex formation reactions of uranyl-acetate, uranyl-tartrate and uranyl-citrate.

2) The lighter isotope ^{235}U was enriched in the uranyl-carboxylate complex in all times and the direction of enrichment was found to be opposed to the results reported by *M. Čirič* in 1968.

3) The elemental separation coefficients ε were determined and they showed a sequence of the magnitudes like as

$$\varepsilon_{\text{citrate}} > \varepsilon_{\text{tartrate}} > \varepsilon_{\text{acetate}}$$

4) The sequence of the magnitudes was explained by the two phases distribution theory of isotopes.

Received February 18, 1980

References

[1] *M. Čirič*, Energie Nucleaire **10** (1968)
[2] *M. Okamoto* et al., Proc. Annual Conference of Atomic Energy Society of Japan, March, 1977 & 1979
[3] *H. Kakihana, Y. Sakuma*, Proc. of 26th International congress of Pure and Applied Chemistry, Tokyo, (1977); *H. Kakihana* et al., J. Atomic Energy Soc. Japan **19** (1977) No. 11; *Y. Sakuma* et al., Bull. Chem. Soc. Japan **53** (1980) No. 2

[4] *M. Okamoto* et al., Shitsuryobunseki (Mass Spectroscopy) **20** (1972) No. 1
[5] *L. D. Pettit, J. L. M. Swash*, J. Chem. Soc. Dalton **1978** (1978); *K. S. Rajan, A. E. Martell*, J. Inorg. Nucl. Chem. **26** (1964)
[6] *F. P. Spedding, J. E. Powell*, USAEC Report ISC-475 (1954)
[7] *J. S. Dory, A. C. Rutenberg*, USAEC Report CF-5411-162 (1954)
[8] *J. Aaltonen* et al., Z. Naturforsch., **29b** (1974)
[9] *H. London*, Separation of Isotopes, p219, George Newnes Ltd., London 1961
[10] *H. Kakihana, M. Aida*, Bull. Tokyo Inst. Techn. **116** (1973)
[11] *Y. Fato, H. Kakihana*, ibid. **127** (1975)
[12] *H. Kakihana* et al., ibid. **90** (1969)
[13] *M. Kotaka* et al., Bull. Res. Lab. Nucl. Reactors **1** (1976)

Kurze Originalmitteilungen

Нейтроноактивацонный Анализ Метеоритного Вещества

А. К. Лаврухина, Р. И. Кузнецова, З. А. Лаврентьева, М. Чайка

(Институт геохимни и аналитической химии им. В. И. Вернадского АН СССР[1]); Центральный институт физических исследований АН ВНР, Будапешт, ВНР)

Keywords

activation analysis; copper; fast neutrons; manganese; meteorites; thermal neutrons; tin; vanadium

Нейтроноактивационный анализ является одним из лучших при определении содержания ультрамалых количеств химических элементов. Вызокая чувствительность этого метода и его селективность ставит его вне конкуренции при определении содержания большинства редких элементов в уникальном веществе метеоритов. По современным представлениям, вещество большинства метеоритов сохранило без изменения свой химический состав и структуру со времени формирования тел Солнечной системы. Метеоритное вещество является неиссякаемым источником данных для дальнейшего развития теории нуклеосинтеза и эволюции вещества Солнечной системы. Вследствие этого изучению химического и минералогического состава метеоритов уделяется чрезвычайно большое внимание.

В данной работе выполнено исследование распределения элементов в сульфидной фазе различных типов метеоритов с целью подойти к решению вопроса об условиях образования сульфида железа в Солнечной туманности. Исследованию распределений микроэлементов в сульфидах, выделенных из метеоритов разных типов, посвящены работы [1—8]. Полученные данные показывают, что троилит хондритов обеднен Co, Ni и W относительно металла [5], но обогащен сидерофильными элементами — Ni [3], Pt, Ru, Pd, Os, Ir и Au [4] и литофильными элементами — Al [3], Sc, Ce и Eu [1] по сравнению с сульфидами железных метеоритов. Содержание V и Mn в отдельных включениях троилита из метеорита Сихотэ-Алинь уменьшается от периферии к центру зерен, а содержание Co — наоборот, от центра к периферии [6]. Сульфид железа в углистом метеорите Orgueil показывает самый древний возраст из всех известных метеоритных минеральных фаз [9] и, вероятно, образовался на ранней стадии формирования Солнечной системы. Он представляет не троилит (FeS), как обычно в метеоритах, а пирротин ($(Fe, Ni)_9S_{10}$), содержащий 1% Ni [10], в то время как равновесная конденсация из газов солнечного состава должна приводить к образованию троилита, содержашего ~0,5% Ni [11]. Анализ возможных причин образования пирротина [12] приводит к заключению, что при температуре ниже 700 °К на конденсацию в Солнечной туманности влияли кинетические эффекты, такие как, например, дифференциация, в результате чего равновесие не достигалось. Сера взаимодействовала с предварительно сконденсированным троилитом до образования пирротина. Однако, имеюшихся данных по кристаллической структуре, химическому и минералогическому составу сульфидов и распределению в них микроэлементов пока ещё недостаточно, для того чтобы подойти к решению основного вопроса об условиях их образования в Солнечной туманности, что важно для космохимии. Сульфиды по-прежнему остаются в поле внимания исследователей. Особую проблему составляет определение никеля в сульфидах.

Методика Исследования

Для выделения фракции сульфидов навеску метеоритного образца ~ 1 г измельчали в агатовой ступке под слоем спирта. Затем пробу переносили в фарфоровую чашку и несколько раз отмучивали в этиловом спирте. Остаток после отмучивания сушили и с помощью сит разделяли по фракциям (по размеру частиц). Основная масса сульфидов без сростков скапливается во фракциях от 50 до 100 *мкм*, которые перед отбором сульфидов очищали ручным магнитом от магнитных минералов. Отбор сульфидов производили под бинокулярным микроскопом МБС-2. Чистота выделения примерно 97 ÷ 99%. Присутствуют небольшие количества сростков сульфидов с силикатами и металлическим железом. Производили петрологическое исследование шлифов метеоритов.

Количественное определение элементов проводили сравнительным методом. Эталоны приготовляли путем растворения солей или металлов соответствующих элементов. Образцы, эталоны и стандарты взвешивали, упаковывали в полиэтиленовые конверты, герметизировали, помещали в полиэтиленовые контейнеры и

[1]) Адрес: СССР, 117334, Москва, Воробческое шоссе 47а

облучали. В качестве геологического стандарта использовали гранит марки ZGT-CM. При определении содержания элементов по короткоживущим изотопам (V, Mn, Cu, Ti и Sn) образцы облучали в ЦИФИ ВАН на реакторе ВВР-С, снабженном пневмопочтой, в течение одной минуты. Поток тепловых нейтронов $(1 \div 5) \cdot 10^{13}$ нейтрон/*см/сек*. Вклад быстрых нейтронов составлял $\sim 10\%$. При определении изотопов с периодами полураспада меньше 10 мин облучение образцов, эталонов и стандартов проводили раздельно. В этом случае вместе с образцами, эталонами и стандартами облучали пластинки спектрально чистой меди. По количеству образовавшейся в фольге ^{64}Cu($T_{1/2}$ = 12,8 час) вносили поправку на интегральные потоки нейтронов, облучающих образцы, эталоны и стандарты. Активности изотопов, образующихся в реакциях с быстрыми нейтронами, измеряли после облучения образцов, эталонов и стандартов в кадмиевой оболочке толщиной 1 *мм*, которая поглощала $\sim 99\%$ тепловых нейтронов. Измерение проводили с помощью Ge(Li)-полупроводникового детектора с чувствительным объемом 45 *см*^{3} в строго идентичной геометрии в специальной камере с низким фоном, изготовленной из блоков чугуна толщиной 75 *мм*, внутренняя поверхность которых покрыта пластинами меди, кадмия и свинца. Импульсы с детектора регистрировались амплитудным анализатором АИ-4096, к которому был присоединен цифровой стабилизатор. В качестве калибровочных источников использовали эталоны ^{137}Cs и ^{60}Co. Разрешение γ-лучей по ^{60}Co составляло 4 *кэВ*. Расчёт площадей пиков выполняли с помощью ЭВМ ЦИФИ ВАН по программе [13].

При определении содержания элементов по долгоживущим изотопам (Ni, Fe, Cr, Co, Se, Ce) приготовленные образцы и стандарты запаивали в кварцевую ампулу и облучали в водном канале реактора МИФИ потоком тепловых нейтронов $\sim 5 \cdot 10^{12}$ нейтрон/*см*^{2} *сек* с повышенным содержанием быстрых нейтронов. В качестве геологического стандарта использовали базальт марки GSJ-JB-I и при определении индия — глинистый сланец марки ZGI-TB. Продолжительность облучения составляла 528 часов. Измерение долгоживущих изотопов проводили на Ge(Li)-полупроводниковом детекторе с чувствительным объемом 25 *см*^{3} при разрешении для γ-лучей ^{60}Co 4 *кев* и амплитудном анализаторе АИ-4096. Обработку γ-спектров проводили с помощью ЭВМ ,,Минск-2''.

Результаты и их Обсуждение

Марганец определяли по реакции: ^{55}Mn (100% (n, γ)^{56}Mn (σ = 13,3 барн; $T_{1/2}$ = 2,58 час; E_γ = 845; 1810 *кэВ*). Вклад от реакций с быстрыми нейтронами ^{56}Fe(n, p) ^{56}Mn и ^{59}Co(n, α) ^{56}Mn определяли при облучении сульфидов и стандартов в кадмиевой оболочке. Вследствие очень короткого времени облучения ($\tau_{обл}$ = 60 *сек*) вкладом от реакции ^{54}Cr(n, γ) ^{55}Cr $\xrightarrow{\beta^-}$ ^{55}Mn(*n*, *γ*) ^{56}Mn пренебрегали. Измерение ^{56}Mn проводили через 2 часа, когда ^{2}/Mg($T_{1/2}$ = 9,45 *мин*, E_γ = 844 *кэВ*), мешающий определению марганца, полностью распадался (табл.).

Медь определяли по реакции ^{63}Cu (69,09%) (n, γ) ^{64}Cu (σ = 4,3 барн, $T_{1/2}$ = 12,8 час, E_γ = 511 *кэВ*). Вклад от реакции ^{64}Zn(n, p) ^{64}Cu определяли при облучении в кадмиевой оболочке.

Ванадий определяли по реакции ^{51}V (99,772) (n, γ) ^{52}V (σ = 4,5 барн, $T_{1/2}$ = 3,8 *мин*, E_γ = 1434 *кэВ*). Измерение активности проводили с интервалом 3 *мин* до полного распада ^{52}V, что давало возможность проследить его период полураспада. Вклад от реакций с быстрыми нейтронами ^{52}Cr(n, p) ^{52}V и ^{52}Mn(n, α) ^{52}V определяли облучением в кадмиевой оболочке.

Титан определяли по реакции ^{50}Ti (5,3%) (n, γ) ^{51}Ti ($\sigma \sim 0{,}14$ барн, $T_{1/2}$ = 5,8 *мин*, E_γ = 323 *кэВ*). Вклад от реакций с быстрыми нейтронами ^{51}V(n, p) ^{51}Ti и ^{54}Cr(n, α) ^{51}Ti, определенный при облучении в кадмиевой

Таблица

№ пп	Метеорит	Тип	Вес, *мг*	Содержание, *мкг/г*					Содержание				
									%	*мкг/г*			
				Mn	V	Cu	Sn	Ti	Fe	Cr	Ni	Co	Ce
1	Оханск № 76	H4	1,0	139	47,2	24,4	—	—					
2	Pultusk № 544	H5	1,65	310	32,9	23,3	—	—					
3	Lancon № 2044	H6	1,23	147	12,5	13,2	—	—					
4	Саратов № 764	L3–4	1,03	127	17,1	108,6	—*	—					
5	Саратов № 319	L3–4	1,00	146	25,6	19,8	—	—					
6	Никольское № 1965	L4	2,08	120	22,9	7,1	—	—					
7	Еленовка № 1836	L5	4,88	90	25,8	7,9	—	—					
8	Kyushur № 2157	L6	2,03	288	19,8	23,4	—	—					
9	Кунашак № 1723	L6	1,66	439	148	—	2739	—					
10	Parnallee № 2261	LL3	0,90	271	19,6	45,5	—	—					
11	Khanpu № 15063	LL5	1,15	102	4,7	20,7	—	—					
12	Lake Labyrinth № 1987		2,60	110	63,2	24,6	—	408					
13	Atlanta № 2611	E5	1,00	39680	—	—	—	—					
14	Пилиствере № 1864	E6	1,00	1828	—	146,5	—	—					
15	Allende 15014	C3	0,80	178	26,9	56,1	—	—					
16	Сихотэ-Алинь	Ogg	96,69						56,5	0,76	398**	12,8	110

*) Ниже предела чувствительности

**) В геологическом стандарте очень малое превышение над фоном

оболчке, пренебрежимо мал. Идентификацию фотопика с $E_\gamma = 320$ *кэВ* проводили только по периоду полураспада. Титан обнаружен только в одной пробе сульфидов (хондрит Lake Labyrinth тип LL6).

Олово определяли по реакции ^{124}Sn(5,83%) (n, γ) ^{125}Sn ($\sigma = 0{,}2$ барн, $T_{1/2} = 9{,}5$ *мин*, $E_\gamma = 320$ *кэВ*). Измеряли период полураспада фотопика с $E_\gamma = 320$ *кэВ*. Олово обнаружили только в одной пробе сульфидов (хондрит Кунашак, тип L6).

Железо определяли по реакции ^{58}Fe(0,31%) (n, γ) ^{59}Fe ($\sigma = 0{,}98$ барн, $T_{1/2} = 45$ дней, $E_\gamma = 840$; 1293; 1098 *кэВ*). Вклад от реакции ^{62}Ni(n, α) ^{59}Fe вследствие низкого сечения этой реакции незначителен.

Хром определяли по активности фотопика ^{51}Cr ($T_{1/2} = 27{,}9$ дня, $E_\gamma = 320$ *кэВ*), образующегося по реакции ^{50}Cr (4,3%) (n, γ) ^{51}Cr ($\sigma = 13{,}5$ барн). Вклад от реакции ^{54}Fe(n, α) ^{51}Cr определяли при облучении в кадмиевой оболочке. Измерение ^{51}Cr проводили через 90 дней после облучения (рис. 1).

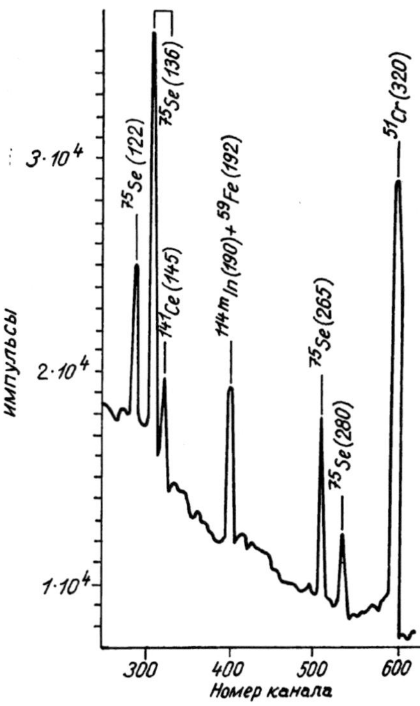

Рис. 1. Ge(Li)-γ-спектр троилита из железного метеорита Сихотэ-Алинь.

Вес образца 96,69 *мг*, $t_{обл} = 528$ час, $t_{охл} = 97$ дней, $t_{изм} = 80$ *мин*.

Кобальт определяли по активности фотопика ^{60}Co ($T_{1/2} = 5{,}27$ года, $\sigma = 20$ барн, $E_\gamma = 1174$; 1332 *кэВ*). Вклад реакции ^{63}Cu(n, α) ^{60}Co определяли облучением в кадмиевой оболочке.

Церий определяли по реакции ^{140}Ce (88,48%) (n, γ) ^{141}Ce($\sigma = 0{,}31$ барн, $T_{1/2} = 32$ дня, $E_\gamma = 145$ *кэВ*). Вклад от реакции ^{141}Pr(n, p) ^{141}Ce не учитывали.

Особый интерес представляет возможность определения малых количеств никеля в сульфидах при облучении в водном реакторе МИФИ с повышенным содержанием быстрых нейтронов. Никель определяли по реакции ^{58}Ni(67,76%) (n, p)^{58}Co($T_{1/2} = 71{,}3$ дня, $E_\gamma = 810$ *кэВ*, 511 *кэВ*). В сульфиде железного метеорита Сихотэ-Алинь содержание никеля определено равным 0,04%. Эта величина согласуется со значением, найденным для сульфида железного метеорита Mudrabilla (0,06%) [7]. В этом образце удалось также идентифицировать Se и In (рис. 1).

Выводы

Данные таблицы позволяют сделать следующие выводы:

1. Содержание марганца в троилите обыкновенных хондритов (типы H, L и LL) варьирует в пределах 90÷439 *мкг/г*. Четкой зависимости от группы и петрологического типа не обнаружено. Содержание марганца в троилите углистого хондрита Allende, тип C3 лежит в этих пределах. Для сульфидной фазы энстатитовых хондритов наблюдается высокое содержание марганца (до 4%), обусловленное вкладом алабандина (MnS). С ростом петрологического типа хондритов количество марганца в сульфидной фазе резко уменьшается.

2. Для ванадия наблюдаются существенные различия в содержаниях в троилите хондритов разных групп. Для группы H хондритов наблюдается уменьшение содержания ванадия в троилите по мере увеличения петрологического типа. Это обусловлено увеличением средних размеров зерен троилита в этой же последовательности, что наблюдается при исследовании шлифов. Для группы L-хондритов содержание ванадия в троилите лежит в узком интервале 17 по 25,8 *мкг/г*. Исключение составляет хондрит Кунашак, тип L6 с очень высоким содержанием ванадия в троилите ($1{,}5 \cdot 10^{-2}$%). В группе LL-хондритов наблюдаются незакономерно большие различия в содержании ванадия в троилите. Содержание ванадия в сульфидной фазе углистого хондрита Allende равно таковому для троилита L-хондритов. Ванадий в сульфидной фазе энстатитовых хондритов не обнаружен.

3. Содержание меди в сульфидной фазе хондритов варьирует в широких пределах (7÷146 *мкг/г*), а в хондритах Кунашак и Atlanta содержание меди в троилите ниже предела чувствительности. Четкой зависимости от группы и петрологического типа хондритов не наблюдается. Интересен факт большого различия содержания меди в троилите разных экземпляров хондрита Саратов (более чем в 5 раз).

4. Хондрит Кунашак, тип L6 является аномальным среди обкновенных хондритов по содержанию исследованных элементов: содержание марганца и ванадия максимальны, меди — минимально, обнаружено высокое содержание олова. Очевидно, это обусловлено процессами ударного метаморфизма, эффекты которого обнаруживаются в его структуре. Метеорит представляет собой брекчию из светлых и темных частей, обнаруживаются темные жилки, состояшие из капливидных включений троилита и металла микронных размеров (структура эмульсии). В темной части наблюдаются крупные включения троилита неправильной формы, для которых характерна трещиноватость.

5. В троилите железного метеорита Сихотэ-Алинь качественно обнаружено присутствие индия, селена и

церия. Наличие редких земель в сульфидной фазе наблюдалось ранее только для хондритов [1,14].

Поступила в редакцию 13/II, 1980 г.

Литература

[1] *А. К. Даврухина, Г. М. Колесов, И. С. Каличева, Л. Д. Акользина*, Метеоритика 28 (1968) 95

[2] *У. Худайбергенов, А. К. Лаврухина, А. Г. Ганиев, Х. Рахимов*. Сб. „Активационный анализ благородны металлов" Ташкент, „Фан" (1970) 68

[3] *А. К. Лаврухина, Н. К. Сажина, М. Чайка, Э. Сабо, Н. Н. Догадкин, Г. В. Барышникова*, Геохимия (1971) 1449

[4] *А. П. Виноградов, А. К. Даврухина, А. Г. Ганиев, Ю. А. Сильванович, Х. Р. Рахимов*, Геохимия (1972) 1961

[5] *K. Imamura, M. Honda*, Geochim. Cosmochim. Acta **40** (1976) 1073

[6] *А. Ю. Люль*, Изв. АН Латв. СССР, сер. физ. и техн. наук 2 (1972) 14

[7] *H. H. Weinke*, Meteoritics **12** (1977) 384

[8] *O. Müller*, J. Radioanal. Chem. **38** (1977) 499

[9] *R. S. Lewis, E. Anders*, Prac. natn. Acad. Sci. USA **72** (1975) 268

[10] *J. F. Kerridge*, Meteoritics **5** (1970) 149

[11] *G. Kullerud*, H. Carnegie Instn. Wash. **62** (1963) 1975

[12] *J. F. Kerridge*, Nature **259** (1976) 189

[13] *G. Pernecki*, KFKl, Program Könyvta, Budapest 1976

[14] *M. Honda, M. Shima*, Geochim. Cosmochim. Acta **31** (1967) 1995

Нейтроноактивационное определение ^{53}Mn в космических телах

А. К. Лаврухина, В. А. Алексеев, В. В. Мальшев

(Институт геохимии и аналитической химии им. В. И. Вернадского АН ССР)[1]

Keywords

activation analysis; fast neutrons; iron meteorites; manganese 53; meteorites; thermal neutrons

Введение

Высокое значение периода полураспада ^{53}Mn — $(3{,}7 \pm 0{,}4) \cdot 10^6$ лет [1] делает этот изотоп наиболее подходящим для получения сведений о радиационной истории космических тел, для исследования временных вариаций галактичеxких космических лучей и аномальных процессов на Солнце в течение последних 10 млн лет. В ранних и некоторых последних работах [2—5 и др.] содержание ^{53}Mn в метеоритах определялось путем регистрации K_α-рентгеновского излучения хрома ($E_{K_\alpha} = 5{,}4$ *кэВ*), испускаемого при распаде ^{53}Mn путем K-захвата. Из-за низкой эффективности регистрации мягкого рентгеновского излучения приходилось выделять марганец из больших навесок метеоритного вещества — до нескольких сотен граммов. Миллард [6] предложил высокочувствительный нейтроноактивационный метод определения ^{53}Mn, основанный на измерении содержания радиоактивного изотопа ^{54}Mn ($T_{1/2} = 313$ дней, $E_\gamma = 835$ *кэВ*), образующегося в процессе активации ^{53}Mn по (n, γ)-реакции. Высокое поперечное сечение этой реакции на тепловых нейтронах (66 ± 7 барн [7]) и высокая эффективность измерения γ-квантов ^{54}Mn позволили повысить чувствительность определения ^{53}Mn на два-три порядка. Благодаря этому стало возможным определение ^{53}Mn в навесках метеоритного и лунного вещества $\lessgtr 1$ г. Метод получил дальнейшее развитие в работах ряда исследователей [7—11 и др.] Нами была отработана методика выделения марганца из метеоритного металла без носителя, найдены оптимальные условия облучения и определено содержание ^{53}Mn в железном метеорите Сихотэ-Алинь, экземпляр № 2093 А.

Экспериментальная часть

Химические операции до облучения образцов

Из метеоритной стружки было отобрано несколько образцов весом 1 г. Для оределения химического выхода марганца к образцам добавляли раствор с известным количеством радиоизотопа ^{54}Mn (130—170 распад · мин$^{-1}$). Образцы растворяли в 8 *м* HCl, далее диэтиловым эфиром экстрагировали железо из 8 *м* HCl. Водную фазу упаривали и 0,1 *M* раствор HCl пропускали через катионообменную колонку Дауэкс 50W×2 (50—100 *меш*). Марганец элюировали 2 *м* HCl. 9 *M* раствор по HCl пропускали через анионообменную колонку Дауэкс I×8 (200—400 *меш*) для отделения марганца от железа и кобальта. Для отделения от никеля раствор, содержащий 96%-ный метанол и 0,2 *M* HCl, пропускали через анионообменную колонку Дауэкз IX8 (200—400 *меш*). Марганец элюировали 6 *M* HCl и элюат упаривали до 1—2 *мл*, наносили на подложку из фильтровальной бумаги и сушили под лампой. Среднее значение химического выхода составило (58 ± 6)%.

Условия облучения

Для нахождения оптимальных условий облучения определены характеристики нейтронных потоков в трех зонах (А, Б и В). Для определения количества ^{54}Mn, образующегося в реакциях (n, 2n) и (n, p) из Mn и Fe, соответственно, использовались Mn (в виде MnO_2) и Fe (карбонильное и в виде Fe_2O_3). Мониторами величины потока тепловых нейтронов служили Co (в виде $Co(NO_3)_2$), Zn (в виде ZnO), а также Fe. Мониторирование потока быстрых нейтронов проводилось по ^{58}Co образующемуся из никеля по реакции ^{58}Ni (n, p) ^{58}Co. Измерения наведенной радиоактивности проводились на полупроводниковом Ge(Li)-детекторе объемом 40 *см*^{3}.

Полученные характеристики нейтронных потоков, а также аналогичные характеристики потоков, применяемых другими исследователями для нейтроноактивационного определния ^{53}Mn, приведены в табл. 1. Из этих данных видно, что характеристики нейтронных потоков в зоне В сопоставимы с лучшими анало-

[1]) Адрес: СССР, 117334 Москва, Воробческое шоссе 47а

Табл. 1. Характеристики нейтронных потоков

Авторы	Поток тепловых нейтронов, 10^{12} *см*$^{-}$/*с*$^{-1}$	Длительность облучения, час	$\frac{f_{быстр}}{f_{тепл}}$, 10^{-3}	Количество ^{54}Mn, образуемого из Fe и Mn,* распад · *мин*$^{-1}$ · *мг*$^{-1}$ из Fe	из Mn
Imamura et al. [8]	3,5	132		26	5,2
	1,3	186		71	14
	14,4	133		472	34
Herpers et al. [9]	6	328	$\geqq$ 1	11	3,8
Данная работа					
Зона А	34 ± 2	204	45 ± 9	3400 ± 300	140 ± 20
Зона Б	12 ± 2	204	1,5 ± 0,3	210 ± 40	21 ± 6
Зона В	3,0 ± 0,3	204	0,6 ± 0,1	15 ± 3	6 ± 2
Зона Б	13,5 ± 1,2	920	2,2 ± 0,4	160 ± 20	15 ± 7

*) Нормализована к величине потока тепловых нейтронов 10^{18} нейтрон · *см*$^{-2}$

гичными характеристиками, полученными зарубежными исследователями.

Для определения содержания ^{53}Mn в метеорите Сихотэ-Алинь образцы, содержащие выделенный из метеорита марганец, были облучены в зоне Б в течение 920 часов.

Химические операции после облучения образцов

После облучения каждый образец растворили вместе с введенным носителем (9,8 *мг* Mn в виде раствора $MnCl_2$) в 3 *мл* концентрированной HNO_3 с добавлением нескольких капель конц. $HClO_4$ и раствор упарили досуха. Измерение на полупроводниковом детекторе

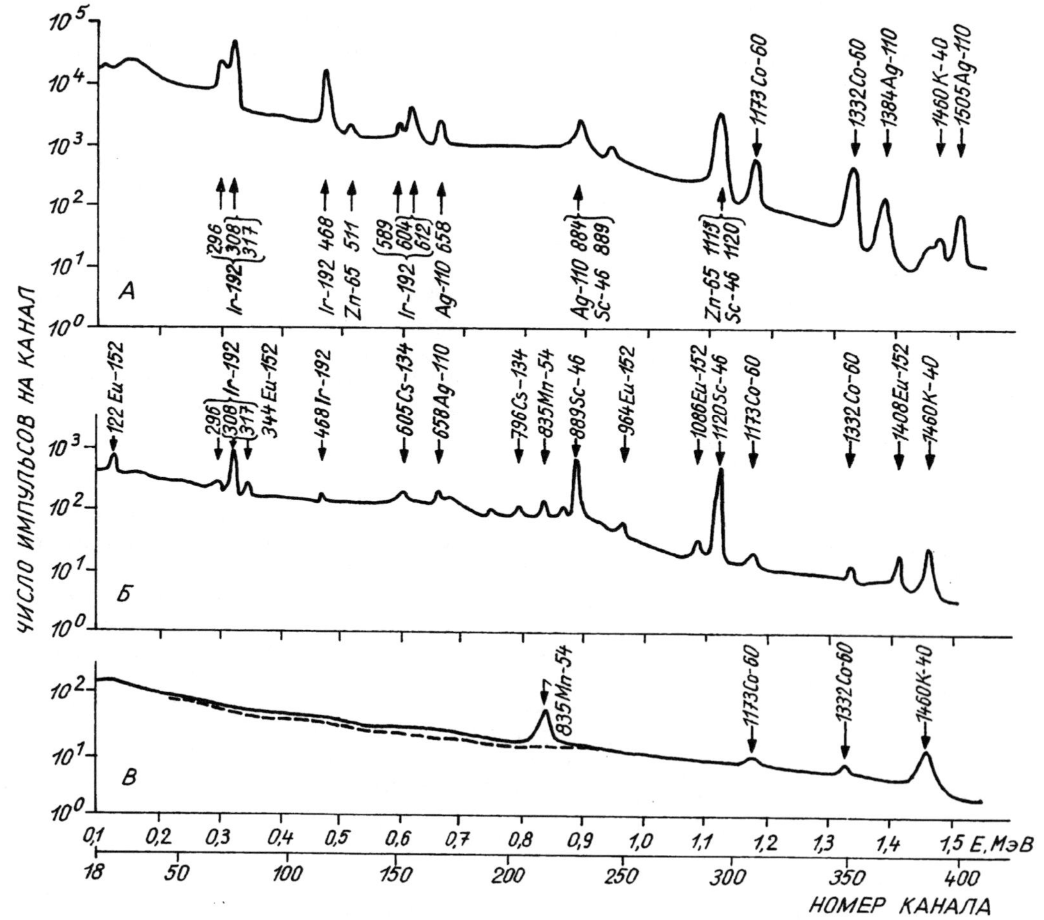

Рис. 1 Гамма-спектр излучения марганца, выделенного из метеорита Сихотэ-Алинь и активированного нейтронами

Время облучения — 920 час. Время измерения — 20 *мин*; А — без радиохимической очистки, время „остывания" — 188 дней. Б и В — после последовательных очисток на анионообменной и катионообменной колонках, соответственно. Время „остывания" — 261 день (Б) и 521 день (В). Пунктирная линия — фон детектора, измеренный без образца

радиоактивности солянокислого раствора одного из образцов (№ 1) показало высокий уровень наведенной активности, на фоне которой не видно линии, обусловленной γ-излучением /^{4}Mn (рих. 1A). В γ-спектре идентифицированы линии, обусловленные распадом радиоизотопов ^{192}Ir, ^{110}Ag, ^{65}Zn, ^{60}Co, ^{54}Sc и ^{40}K. Для отделения от ^{54}Mn других радиоизотопов в исследуемый раствор ввели по 5 *мг* железа и кобальта в виде $FeCl_3$ и $CoCl_2$, соответственно, и 9 *M* раствор по HCl пропустили через анионообменную колонку Дауэкс 1×8 (200—400 *меш*). В результате этого содержание ^{110}Ag, ^{192}Ir и ^{60}Co в эффлюенте существенно уменьшилось (в 350, 250 и 90 раз, соответственно); однако содержание ^{46}Sc уменьшилось незначительно — всего в 1,6 раза (рис. 1Б). На фоне меньшей суммарной γ-активности выявился пик от γ-излучения ^{54}Mn, а также γ-линии ^{152}Eu и ^{134}Cs. После этого в 0,1 *M* раствор по HCl ввели по 2 *мг* лантана (в виде $LaCl_3$) и скандия (в виде $ScCl_3$), и раствор пропустили через катионит Дауэкс 50W×2 (50—100 *меш*). Марганец вымыли 2 *M* HCl, элюат упарили досуха, остаток растворили в 12 *M* HNO_3. Из азотнокислого раствора марганец осадили в виде MnO_2 с помощью хлората калия. Осадок прокалили до Mn_3O_4 при 900 °C до постоянного веса и измерили его γ-активность. В γ-спектре (рис. 1B) над уровнем фона четко выделяется линия ^{54}Mn. После получения этих результатов в солянокислый раствор другого образца (№2) ввели сразу Fe, Co, Sc и La в тех же количествах, что и в образец № 1, и провели операции по очистке, аналогичные описанным выше. γ-Спектр, полученный для этого образца, аналогичен приведенному на рис. 1B. Химический выход при выделении ^{54}Mn после облучения составил 65%. Суммарная радиоактивность образцов после облучения составляла более $2 \cdot 10^{-6}$ кюри; после радиохимической очистки — около 10^{-9} кюри. Из приведенных результатов видно, что рассмотренная методика достаточно эффективна для выделения и измерения содержания ^{54}Mn и может быть использована при определении содержания ^{53}Mn в образцах лунного вещества и в хондритах.

Результаты измерений

Результаты измерений радиоактивности ^{54}Mn в двух метеоритных образцах приведены в табл. 2. Видно, что суммарный вклад ^{54}Mn, образованного из содержащегося в образцах железа и марганца, а также ^{54}Mn, внесенного для определения химического выхода, не превышает 3% от измеренной активности ^{54}Mn.

Удельная автивность ^{53}Mn (A_{53}, *мин*$^{-1}$·*кг*$^{-1}$ металла) рассчитывалась по формуле [7]:

$$A_{53} = \frac{0{,}693\, A_{54}}{f_{\text{тепл}}\,[T_{53} \cdot \sigma]\,[1 - \exp(-0{,}693\, t/T_{54})\, P},$$

где A_{54} — измеренная радиоактивность ^{54}Mn с поправкой на химический выход и с вычетом радиоактивности ^{54}Mn, образованного из Fe и Mn, и внесенного для определения химического выхода, *мин*$^{-1}$; $f_{\text{тепл}}$ — величина потока тепловых нейтронов, *см*$^{-2}$*с*$^{-1}$; $[T_{53} \cdot \sigma]$ — произведение значений периода полураспада ^{53}Mn и поперечного сечения реакции ^{53}Mn(n, γ) ^{54}Mn, так называемый ,,коэффициент Милларда'' (260 ± 32) · 10^6 лет · барн [7]; T^{54} — период полураспада ^{54}Mn; *t* — длительность облучения образца, P — вес образца, *кг*. Среднее значение для двух образцов A_{54}/P составило 4140 ± 240 *распад · мин*$^{-1}$ · *г*$^{-1}$.

Для контроля полученных результатов содержание ^{54}Mn в активированном образце было измерено также на проточном рентгеновском счетчике. Удельная активность ^{53}Mn, вычисленная на основе этих измерений, составила 380 ± 30 *распад/мин · кг*.

Для проверки данных нейтроноактивационного определения содержания ^{53}Mn был выделен марганец с носителем из 200-граммовой пробы метеорита Сихотэ-Алинь; проба взята в том же месте экземпляра № 2093 A, где были взяты пробы весом по 1 г для нейтроноактивационного определения ^{53}Mn. Выделение марганца проводилось по методике, аналогичной приведенной в работе [3]. Радиоактивность ^{53}Mn измерена на проточном рентгеновском счетчике; содержание ^{53}Mn в метеорите на основе этих измерений найдено равным 320 ± 30 *распад/мин · кг*. Полученные контрольные значения согласуются между собой в пределах ошибки измерений.

Результаты определения содержания ^{53}Mn разными методами другими исследователями [3,4,9] лежат в интервале от 103 до 338 *распад · мин*$^{-1}$ · *кг*$^{-1}$. Найденное нами значение попадает в этот интервал. Значительный разброс результатов измерений может быть обусловлен расположением исследованных образцов на различной глубине от поверхности доатмосферного тела, давшего начало Сихотэ-Алинскому метеоритному дождю. Сопоставление экспериментальных данных о содержании ^{53}Mn в метеорите Сихотэ-Алинь с результатами расчетов глубинного распределения радиоизотопа ^{53}Mn в железных метеоритах разных размеров позволило сделать вывод [12], что метеорит Сихотэ-Алинь в течение последних ~ 6 млн лет облучался

Табл. 2. Результаты нейтроноактивационного определения в метеорите Сихотэ-Алинь

Номер образца *п/п*	Вес, *г*	Активност ^{54}Mn после облучения, *распад · мин*$^{-1}$	Количество ^{54}Mn, *распад · мин*$^{-1}$			Удельная активность ^{53}Mn, *распад · мин*$^{-1}$ · *кг*$^{-1}$
			от ^{54}Mn индикатора	от Fe по реакции (n, p)	от Mn по реакции (n,2p)	
1	1,006	1690 ± 130	21 ± 4	23 ± 5	0,7 ± 0,3	346 ± 30
2	1,016	1640 ± 130	27 ± 5	23 ± 5	0,7 ± 0,3	300 ± 30
					Среднее:	320 ± 50 (2σ)

• Все значения радиоактивности ^{54}Mn рассчитаны на конец облучения потоком галактических космических лучей с энергетическим спектром, близким к немодулированному.

Выводы

1. Предложена методика выделения ^{53}Mn без носителя из малых навесок (∼ 1 г) железных метеоритов или металлической фазы хондритов.

2. Найдены оптимальные условия нейтроноактивационного определения ^{53}Mn, позволяющие определять содержание ^{53}Mn не только в метеоритном металле, но и в каменных метеоритах и в лунном веществе.

3. С помощью нейтроноактивационного метода определено содержание ^{53}Mn в железном метеорите Сихотэ-Алинь (в навесках 1 г). Полученный результат совпал с результатом непосредственного измерения на пропорциональном счетчике радиоактивности ^{53}Mn, выделенного из 200-граммовой навески метеорита.

Поступила в редакцию 13/II, 1980 г.

Литература

[1] *M. Honda, M. Imamura*, Phys. Rev. 4 (1971) 1182
[2] *M. Honda, S. Umemoto, J. R. Arnold*, J. Geophys. Res. 66 (1961) 3541
[3] *J. H. Kaye*, Cosmogenic x-ray and β-ray emitters in iron meteorites. Thesis. Carnegie institute of technology, Pittsburg, Pennsylvania 1963
[4] *M. Honda, J. R. Arnold*, Science 143 (1964) 203
[5] *N. Bhandari, S. K. Bhattacharya, S. Krishnaswami, B. L. K. Somayajulu*, Meteoritics 11 (1976) 250
[6] *H. T. Millard*, Jr., Science 147 (1965) 503
[7] *R. Woelfle, W. Herr, U. Herpers*, Radiochemica Acta 18 (1972) 207
[8] *M. Imamura, H. Matsuda, K. Horie, M. Honda*, Earth Planet. Sci. Lett 6 (1969) 165
[9] *U. Herpers, W. Herr, R. Wölfle*, In: Meteorite Research, editor *P. M. Millman*, Reidel (1969) 387
[10] *U. Herpers, R. Wölfle, W. Herr*, J. Radioanalyt. Chem. 18 (1973) 145
[11] *M. Heimann, P. P. Parekh, W. Herr*, Geochim. Cosmochim. Acta 38 (1974) 217
[12] *В. А. Алексеев, В. В. Мальшев, Г. К. Устинова, А. К. Лаврухина*, в сб. Труды У космохимического симпозиума по проблеме „Состав космического вещества" (Киев, апрель 1978 г), в печати.

Aus der Praxis

^{15}N-Trainingskurse der IAEA im Zentralinstitut für Isotopen- und Strahlenforschung Leipzig der Akademie der Wissenschaften der DDR

Keywords

developing countries; education; German Democratic Republic; IAEA; isotope applications; nitrogen 15; plants; soils

Seit der Mitgliedschaft in der Internationalen Atomenergie-Agentur (IAEA) im Jahre 1973 hat die DDR, koordiniert über das Staatliche Amt für Atomsicherheit und Strahlenschutz (SAAS), in breitem Maß IAEA-Aktivitäten zur friedlichen Anwendung der Kernenergie in Entwicklungsländern unterstützt. Einen wesentlichen Beitrag der Hilfeleistung der DDR für die Arbeit der IAEA hat das Zentralinstitut für Isotopen- und Strahlenforschung Leipzig der Akademie der Wissenschaften der DDR (ZfI) insbesondere auf dem Gebiet der Anwendung des stabilen Stickstoffisotops ^{15}N in der landwirtschaftlichen Forschung übernommen.

Das ZfI hat der zentralen Bedeutung des stabilen Isotops ^{15}N für die landwirtschaftliche, medizinische und biologische Forschung mit der Entwicklung probenchemischer Routineverfahren und emissionsspektrometrischer ^{15}N-Analysengeräte (Emissionsspektrometer NOI-5 und Isonitromat 5201 des VEB Statron, Fürstenwalde) seit vielen Jahren Rechnung getragen. Fußend auf den Forschungsergebnissen des Instituts erzeugt die chemische Industrie der DDR etwa $^1/_3$ der Weltproduktion an ^{15}N. Aufgrund des im Zentralinstitut erreichten hohen Stands der ^{15}N-Tracertechnik und ^{15}N-Analytik wurde das ZfI 1979 bereits zum dritten Mal durch die IAEA über das SAAS mit der Durchführung des „FAO/IAEA Interregional Training Course on the Use of ^{15}N in Soil Science and Plant Nutrition" (Kursusdirektor: Prof. Dr. habil. *H. Faust*) beauftragt. Bisher nahmen etwa 60 Wissenschaftler aus 30 Entwicklungsländern Asiens, Afrikas, Amerikas und Europas an den 4—5wöchigen Kursen teil.

Hauptanliegen der Trainingskurse war es, Spezialisten aus Entwicklungsländern theoretische und praktische Kenntnisse für die ^{15}N-Anwendung auf dem Gebiet der angewandten Bodenforschung und Pflanzenernährung zu vermitteln, um die weltweit durchgeführten IAEA-Forschungsprogramme zur Erhöhung der Effektivität der Stickstoffdüngung, zur biologischen Stickstoffixierung und zur Rückstandsproblematik wirksam zu unterstützen.

In einem Vorlesungsprogramm, das etwa 20 Vorträge umfaßte, wurde durch Mitarbeiter des ZfI bzw. Gastlektoren aus dem Bereich des Hochschulwesens, der Akademie der Landwirtschaftswissenschaften (AdL) und durch Spezialisten der IAEA eine theoretische Basis geschaffen. Im Mittelpunkt standen dabei Grundlagen und spezielle Probleme der ^{15}N-Applikation, der Synthese und Verfügbarkeit ^{15}N-markierter Verbindungen sowie Informationen über IAEA-Aktivitäten und Forschungsprogramme der ^{15}N-Anwendung in Entwicklungsländern. So praxisrelevante Probleme wie Versuchsplanung und -durchführung, Probennahme und -aufbereitung, die Nutzung von ^{15}N zur verbesserten Bodenbewertung oder einer optimierten Stickstoffdüngung bzw. zum Studium der biologischen Stickstoffixierung waren Schwerpunkte in Vorträgen und Diskussionen. In den Vorlesungen zu analytischen Problemen wurden insbesondere Aspekte der Probenchemie und ^{15}N-Isotopenanalytik — sowohl der massenspektrometrischen als auch emissionsspektrometrischen — ausführlich behandelt.

Den genannten Vorlesungsabschnitten entsprachen inhaltlich die parallellaufenden Experimentalkomplexe zu

Abb. 1

Abb. 2

analytischen Grundlagen, zur ^{15}N-Probenchemie, zur Isotopenanalytik und zu ausgewählten Anwendungsbeispielen aus dem Bereich der Bodenkunde und Pflanzenernährung.

Eine Aufteilung der Kursteilnehmer in Arbeitsgruppen von zwei bis vier Personen ermöglichte eine intensive Versuchsbetreuung und umfassende Erörterung praktischer Detailfragen. Das durch die Kursanten in Abhängigkeit von ihrer praktischen Erfahrung bzw. ihrer zukünftigen Forschungsproblematik und der jeweils verfügbaren Analysentechnik gewählte Spezialtraining bewährte sich als Form der individuellen Vertiefung.

Die im Ausbildungsplan ausgewiesenen wissenschaftlichen Exkursionen zu Forschungseinrichtungen der AdW, der AdL und des Hochschulwesens dienten der praktischen Demonstration von Tracerexperimenten und der Aktivitäten von Forschungseinrichtungen der DDR auf dem Gebiet der Düngungsforschung und Pflanzenernährung im engeren und der Information über Leistungen der sozialistischen Landwirtschaft im weiteren Sinne.

Eine Ergänzung fand das wissenschaftliche Programm durch kulturelle Exkursionen und Veranstaltungen.

Aufgrund des hohen wissenschaftlichen Niveaus der bisherigen Trainingskurse und eines weiterhin bestehenden großen Interesses ist vereinbart worden, die Kurse turnusmäßig durchzuführen.

H. Bornhak, K. Hirschberg, K. Jung

Zentralinstitut für Isotopen- und Strahlenforschung

der AdW der DDR, Leipzig

Eingegangen am 26. 2. 1980

Informationen

IAEA. Neue Publikationen der Internationalen Atomenergie-Agentur:

Isotopes and Radiation in Research on Soil-Plant Relationships (Proc. Series — STI/PUB/501);
Application of the Dose Limitation System for Radiation Protection: Practical Implications (Proc. Series — STI/PUB/521).

IAEA. Nummer 6/1979 des Bulletins der Internationalen Atomenergie-Agentur enthält u. a. folgende Beiträge:

The IAEA Transport Regulations: A Review of their Development and Coverage (*A. Fairbairn*);
Legal Aspects of the International Transport of Radioactive Materials (*Ha Vinh Phuong*);
International Regulatory Control of the Transport of Radioactive Materials (*F. E. Swindell*);
Design, Construction and Testing of Packaging for the Transport of Radioactive Materials (*B. C. Bernardo*);
Scope and Purposes of the IAEA Transport Information Collection System;
Radiation Protection Principles Underlying the IAEA Transport Regulations and Transport Experience Under Normal and Accident Conditions (*A. N. Tse*);
The Shipment of Radioactive Material in Type A, Exempt and LSA Packages (*M. White*);
European Experience in the Transport of Irradiated Light-Water Rector Fuel (*H. W. Curtis*);
Commercial Experience in the Transportation of Spent Fuel in the United States (*R. M. Jefferson, J. D. McClure*).

CERN. Auf Grund des steigenden Interesses an der Anwendung energiereicher Synchrotron-Röntgenstrahlung (Wellenlängenbereich unter 0,1 Å bis über 2000 Å) in Physik, Chemie und Biologie wurde von der Europäischen Wissenschaftsstiftung ein Sonderkomitee für Synchrotronstrahlung gebildet, das ein Projekt für eine derartige Anlage ausarbeiten soll. Zur Erzeugung energiereicher Strahlung des genannten Typs eignen sich Speicherringe für Elektronen hoher Energie. Das Komitee hat kürzlich einen Bericht vorgelegt, in dem eine solche Maschine unter der Bezeichnung ESRF (European Synchrotron Radiation Facility) vorgeschlagen wird. Danach soll der Speicherring einen Umfang von 604 m haben und 48 Strahlaustrittsfenster besitzen, die Elektronenenergie läge bei 5 GeV. Standortvorschläge wurden noch nicht unterbreitet.

UdSSR. Heft 2/1980 der Zeitschrift „Atomnaja Energija“ enthält u. a. folgende Beiträge:

Abhängigkeit der Bildung von ^{232}U im Kernbrennstoff vom Neutronenspektrum (*T. S. Sarizkaja* u. a.);
Kristallstruktur der γ^s-Phase in U-Mo-, U-Re- und U-Nb-Legierungen (*N. T. Tschebotarew, O. N. Utkina*);
Optimierung des Aufwands bei der Akkumulation von Isotopen der Transuranelemente (*S. A. Nemirowskaja, A. P. Rudik*);
Messung der Neutroneneinfangquerschnitte von ^{238}U und ^{197}Au relativ zum Querschnitt der elastischen Neutronen-Protonen-Streuung (*A. N. Dawletschin* u. a.);
Zur Frage der Optimierung von Bestrahlungsanlagen mit Elektronenbeschleunigern (*W. W. Krajuschkin*);

Kurze Originalmitteilungen:

Massentransport in Molybdän- und Siliziumcarbid-Monokristallen bei der Bestrahlung mit niederenergetischen Ionen in der Glimmentladung (*A. A. Babad-Sachrjapin* u. a.);
Untersuchung der Strahlenbeständigkeit von phosphorhaltigen Kationiten (*S. B. Makarowa* u. a.);
Analyse der Zusammensetzung von $^{249}Bk/^{249}Cf$-Gemischen anhand der Röntgenstrahlung (*G. W. Buklanow, J. P. Charitonow*);
Bestimmung der Gleichgewichtsparameter des Systems Natrium-Sauerstoff-Wasserstoff (*J. W. Priwalow*);
Eine Betastrahlenquelle auf der Basis von tritiumhaltigem Polystyrol (*W. M. Gulko* u. a.);
Vergleich von Ergebnissen der Berechnung des Durchgangs schneller Neutronen durch Wasserstoff- und Kohlenstoffschichten (*E. B. Brodkin* u. a.);
Analyse der Meßmethodik für Wechselwirkungsquerschnitte schneller Neutronen mit Hilfe der Aktivierungsmethode (*A. N. Dawletschin* u. a.);
Untersuchung der Ausbeute und der Winkelverteilung von Photoneutronen aus dicken Bleitargets (*A. P. Antipenko* u. a.);
Ergebnisse des Vergleichs einiger dosimetrischer Methoden für Impuls-Gammastrahlung (*J. P. Bakulin* u. a.);
Über einige Korrektionen bei der Messung von Neutronenflüssen mit der Goldfolien-Methode (*G. M. Stukow, I. A. Jarizyna*);
Bestimmung des Gehalts von Lanthan, Cer, Praseodym und Neodym in Lösungen nach der Röntgenspektralmethode mit dem Gerät SRF-5 (*I. M. Krasilnikow* u. a.);
Ausbeuten an ^{181}Re, ^{182m}Re, ^{182}Re, ^{183}Re, ^{184m}Re, ^{184}Re und ^{186}Re bei der Bestrahlung von Wolfram mit Protonen und Deuteronen und von Tantal mit Alphateilchen (*P. P. Dmitrijew, G. A. Molin*).

DDR. Neue Reports des Staatlichen Amtes für Atomsicherheit und Strahlenschutz der DDR (SAAS):

SAAS-255: Analytisches Verfahren zur Abschätzung der mittleren γ-Belastung durch kontinuierlich emittierte radioaktive Abluft (Analytical Method for Assessing the Gamma-Ray Exposure Resulting from Continuously Discharged Radioactive Off-Gas — *W. Sowa, F. W. Krüger*).

SAAS-256: Stand und Entwicklungstendenzen des chemischen Strahlenschutzes — Literaturstudie 1978 — (State and Tendencies of Chemical Protection Against Ionizing Radiation — A Literature Survey 1978; *G. Siegel* u. a.).

SAAS-257: Berechnung der Konzentration von Radon-Folgeprodukten in Luft (Calculation of Radon Daughter Levels in Air — *Ch. Feddersen E. Dagen*).

SAAS-259: Empfindlicher Nachweis von alpha- und betastrahlenden Nukliden in großflächigen Proben (Sensitive Detection of Alpha- and Beta-Emitters in Large-Area Samples — *H. Klucke*).

SAAS-260: Messung von Thoron in der Atemluft (Measurement of Thoron in the Breath — *W. Schlüter*).

DDR. Anläßlich des 30. Jahrestages der Gründung der DDR veranstaltete das Zentralinstitut für Isotopen- und Strahlenforschung der AdW der DDR (ZfI), Leipzig, am 4. 10. 1979 ein wissenschaftliches Festkolloquium, auf dem von kompetenten Vertretern des Instituts die Hauptforschungsrichtungen des ZfI und wesentliche Arbeitsergebnisse überblicksmäßig dargestellt wurden. In den ZfI-Mitteilungen Nr. 28 (Februar 1980) sind die vollen Texte der auf dem Kolloquium gehaltenen Vorträge abgedruckt.

Im einzelnen wurde referiert über:

Die Entwicklung der Isotopen- und Strahlenforschung in der DDR (*K. Wetzel*);
Neuere Arbeiten zur Stoffanalytik (*G. Brunner*);
Die Entwicklung der massenspektroskopischen Elementspurenanalyse (*H.-J. Dietze*);
Anwendung der theoretischen Physik in der Isotopen- und Strahlenforschung (*R. Haberlandt*);
Zur Anwendung radioaktiver Tracer in der Industrie (*H. Koch*);
Die Wechselwirkung von Kernstrahlung mit Gasen — Grundlagen und Anwendungen (*J. Leonhardt* u. a.);
Stand und Entwicklungstendenzen der strahlenchemischen Forschung (*W. Reicherdt*);
Die Trennung, Gewinnung und Nutzung von Spaltprodukten (*M. Rösseler*);
Isotope in der Natur (*H. Schütze*);
Beteiligung des Zentralinstituts für Isotopen- und Strahlenforschung im Rahmen der DDR-Antarktisforschung während der 23. sowjetischen Antarktisexpedition 1977—1979 (*G. Strauch, F. Fritzsche*);
Radionuklide in Diagnostik und Therapie (*G. Vormum*).

In einem Anhang wird eine Übersicht über die bisher erschienen ZfI-Mitteilungen gegeben.

Interessenten können über ihre zuständige Informationsstelle Mikrofiches bzw. — soweit noch vorhanden — die Textausgaben der ZfI-Mitteilungen anfordern. Bestellungen sind zu richten an

Akademie der Wissenschaften der DDR
Zentralinstitut für Isotopen- und Strahlenforschung
IRZ, Abt. Bibliothek und Reprographie (Mikrofiches) bzw.
IRZ, Wissenschaftliche Redaktion „ZIDIS“ (Textausgaben)
DDR 7050 Leipzig, Permoserstr. 15.

BRD. Im Institut für Angewandte Kernphysik des Kernforschungszentrums Karlsruhe (KfK) wurden Labormessungen zur Bestimmung des Alters unseres Sonnensystems mit Hilfe des „Lutetium-Chronometers“ durchgeführt. Dabei wird von der Modellvorstellung ausgegangen, daß schwerere Atomkerne bei hohen Temperaturen durch Verschmelzung leichterer Kerne und die Anlagerung von Neutronen entstanden sind. Darunter befinden sich auch schwere radioaktive Kerne mit sehr langen Halbwertszeiten, z. B. Lutetium-176 mit einer Halbwertszeit von etwa 36 Milliarden Jahren. Die Zuverlässigkeit von Rückrechnungen zur Ermittlung des Zeitpunktes ihrer Entstehung auf Grund der heute noch vorhandenen Mengen solcher Isotope und ihrer Halbwertszeit hängt wesentlich davon ab, wie genau bestimmte, für die Bildungsgeschwindigkeit solcher Radionuklide durch Neutroneneinfang maßgebliche Wirkungsquerschnitte bekannt sind.

Lutetium-176 wird durch den sogenannten s-Prozeß bei Temperaturen von rund 300 Millionen Grad durch Einfang von langsamen Neutronen aus leichteren Elementen aufgebaut. Die dafür interessierenden Wirkungsquerschnitte wurden im KfK mit Hilfe eines 3-MeV-*van-de-Graaff*-Beschleunigers bestimmt, wobei durch Protonenbestrahlung eines Lithium-Targets Neutronen mit einer Energie von 30 keV erzeugt wurden. Diese Energie entspricht einer Temperatur von über 300 Millionen Grad.

Die auf der Grundlage dieser Daten vorgenommene Altersbestimmung ergab einen Wert von 10 Milliarden Jahren, der in den heute üblichen Grenzen von ± 4 Milliarden Jahren liegt und damit eine weitere unabhängige Bestätigung der Ergebnisse anderer Altersbestimmungen (z. B. anhand astronomischer Forschungen) darstellt.

BRD. Die Fa. Nukem erhielt von der Deutschen Gesellschaft für Wiederaufarbeitung von Kernbrennstoffen (DWK) den Auftrag für die Planung und Projektierung einer Pamela-Anlage für die Verglasung hochaktiver flüssiger Rückstände aus der Brennelement-Wiederaufarbeitung. Die Anlage soll auf dem Gelände der Eurochemic in Mol (Belgien) errichtet werden und die aus der dortigen Wiederaufarbeitungsanlage stammenden hochaktiven Rückstände verarbeiten. Bei der Anlage des Typs Pamela werden die hochaktiven Rückstände in Borosilikatglas eingeschmolzen und in Kokillen vergossen oder in Form von Glasperlen in eine Bleimatrix eingebettet. Als Unterauftragnehmer für die Pamela-Anlage, die 1984 in Betrieb gehen soll, fungieren die Firmen KEWA und Belgonucléaire.

Schweiz. Die Nationale Genossenschaft für die Lagerung radioaktiver Abfälle (Nagra) hat bisher 9 Standorte in den Kantonen Solothurn und Aargau genannt, an denen Probebohrungen von jeweils 1000 m Tiefe in das aus Gneis und Granit bestehende Grundgebirge niedergebracht werden sollen, um dessen Eignung für die Lagerung radioaktiver Rückstände zu prüfen.

Großbritannien. Neue Reports der UKAEA:

AERE-M 3035 The quantitative determination of phenolic compounds in aqueous solutions. Part 1. Phenol equivalents of phenolic compounds using a continuous flow technique.

AEEW-R 1226 CHART — A Program for solving the neutron transport equation in cylindrical and spherical geometries using a characteristic formulation.

AERE-R 9518 Predicted peak temperature rises around a highlevel radioactive waste canister emplaced in the deep ocean bed.

AERE-R 9537 A gas adsorption apparatus for studies on alpha-active materials.

Japan. Im Institut für angewandte Physik der Tsukubski-Universität wurden Untersuchungen über die Effektivität eines Si(Li)-Detektors beim Nachweis von Röntgenstrahlung im Energiebereich von 0,7 ... 6,0 keV durchgeführt. Der Detektor hat folgende Parameter: Dicke der empfindlichen Schicht — 3 mm; effektiver Durchmesser der empfindlichen Fläche — 4 mm; Dicke des Beryllium-Eintrittsfensters — 7,6 μm; Halbwertsbreite der Linie für 5,9-keV-Röntgenstrahlung — 175 eV. Die Effektivität wurde durch Vergleich der Zählraten des Si(Li)-Detektors und eines Proportionalzählers bekannter Effektivität bei gleichzeitiger Bestrahlung mit einer Röntgenstrahlquelle ermittelt. Als Strahlenquelle dienten verschiedene Targets, die durch Beschuß mit beschleunigten Protonen (Energie bis 70 keV, Strahlstrom 1 ... 20 μA, Strahldurchmesser an der Targetoberfläche 2 mm) zur Aussendung von Röntgenstrahlung angeregt wurden. Die beiden Detektoren und das Target befanden sich in einer Vakuumkammer. Angeregt wurde die K- oder L-Strahlung von Fe, Co, Ni, Cu, Zn, Na, Mg, Al, Si, Zr, Mo, Cl, Ca, Ti, Cr, Mn. Damit konnte ein Energiebereich von 0,71 keV (Fe_L-Linie) bis 6,5 keV (Fe_K-Linie) in kleinen Schritten überstrichen werden. Die Messungen ergaben, daß die Effektivität des Si(Li)-Detektors bei 0,71; 0,78; 1,02 bzw. 2,07 keV 0,022; 0,1; 0,23 bzw. 0,8 betrug. Bei höheren Energien näherte sich die Effektivität dem Wert 1.

UdSSR. Neue Publikationen des Verlags „Atomisdat“ im I. Quartal 1980:

I. W. Kurtschatow und die Kernenergetik (*J. W. Siwinzew*);
Chemische Elemente und Nuklide — Spezifik ihrer Entdeckung (*D. N. Trifonow* u. a.);
Globaler Fallout der Produkte von Kernexplosionen als Faktor der Strahlenbelastung des Menschen (*A. N. Barchadurow* u. a.);
Aufgabensammlung zur Dosimetrie ionisierender Strahlungen und zum Strahlenschutz (*W. I. Iwanow, W. P. Maschkowitsch*);
Handbuch zur Atom- und Molekülphysik (*A. A. Radzig, B. M. Smirnow*);
Stöße schneller geladener Teilchen in Festkörpern (*N. P. Kalaschnikow* u. a.);
Hochenergie-Kernphysik (*J. P. Nikitin, I. A. Rosental*);
Projektierung und Produktionstechnologie kernelektronischer Geräte (*A. F. Below, J. W. Kurkow*);
Grundlagen der Theorie und Berechnung von Pulsationskolonnenreaktoren (*S. M. Karpatschewa, J. I. Sacharow*);
Impulsradiolyse und ihre Anwendung (*A. K. Pikajew* u. a.);
Strahlenvulkanisierung von temperaturfesten selbstklebenden Elektroisolationsmaterialien (*S. W. Awerjanow, W. A. Goldin*); Strahlenhärtung von Deckschichten (*G. W. Schirjajewa, J. D. Koslow*).

UdSSR. Nummer 3/1980 der Zeitschrift „Atomnaja Energija“ enthält u. a. folgende Beiträge:
Technologie zur Erhöhung der Qualität von Uranerzen während der Förderung und primären Aufbereitung (*M. A. Temnikow*);
Nutzung von Protaktiniumbestimmungen bei der Einschätzung von Uranfunden während der Erkundung (*G. N. Kotelnikow, I. P. Schumilin*);
Defekte in Molybdän unter der Plasmaeinwirkung während der Deuterium-Glimmentladung (*W. N. Tschernikow* u. a.);
Messung der Spektren ultrakalter Neutronen mit einem Magnet-Integralspektrometer (*J. J. Koswinzew* u. a.);
Dijodid-Kristalle für Gammastrahlungsdetektoren *W. M. Saljotin* u. a.);

Kurze Originalmitteilungen:

Anwendung dünner Folien zur Untersuchung der Porenverteilung entlang der Eindringweglänge von Ar^+-Ionen in Nickel (*A. G. Guglja* u. a.);
Diffusion von Aktiniden und einiger ihrer Spaltprodukte in schwerschmelzbaren Metallen (*W. N. Sagrjaskin*);
Bestimmung von Stickstoff in Uran-Plutonium-Mischbrennstoff mit Hilfe der Reaktion $^{14}N(\alpha, p\gamma)$ (*W. I. Melentjew, W. W. Owetschkin*);
Helium-Blistering und Absorption von Wasserstoff durch die Titanlegierungen PT-7M und PT-3W (*W. M. Gusew* u. a.);
Zur Energiecharakteristik von Silizium-Havariedosimetern für Neutronen (*W. W. Golub*);
Besonderheiten der Normierung von in Leistungsreaktoren entstehenden Plutoniumisotopengemischen (*R. J. Sajapina* u. a.);

Neue Anlagen:

Eine experimentelle Betaanlage für die extrakorporale Bestrahlung (*B. M. Terentjew* u. a.);

Informationen:

Der neue RGW-Standard „Metrologie. Einheiten physikalischer Größen“.

Buchbesprechungen

Probennahme von Pulvern und körnigen Massengütern Grundlagen, Verfahren, Geräte

K. Sommer. Berlin, Heidelberg, New York: Springer-Verlag 1979, 305 S., 46 Abb., 35 Tab.; geheftet DM 58.—; US $ 31,90

Die Probennahme ist in vielen Fällen eine für die Führung, die Weiterentwicklung und nicht zuletzt die Kontrolle technischer Prozesse äußerst wichtige und den Erfolg des jeweiligen Vorhabens entscheidend mitbestimmende Teilhandlung. Sie ist häufig sehr problematisch und daher auch Gegenstand zahlreicher Publikationen, die überwiegend jeweils Teilfragen dieses Gebietes zum Gegenstand haben. Mit dem vorliegenden Buch wird versucht, den Komplex der Probennahme von pulverförmigen und stückigen Substanzen umfassend abzuhandeln.

Der Verfasser geht von den statistischen Grundlagen aus, die zum allgemeinen Verständnis notwendig sind. Nach Stichprobenverteilungen und -verfahren werden die Probennahme im Probenteiler, die Probennahme bei der Korngrößenanalyse und die Probennahme vom Band behandelt. Weitere Abschnitte sind der Probennahme aus Zufalls- und Nichtzufallsmischungen sowie der Untersuchung von Zufallspackungen gewidmet. Abschließend wird eine Auswahl in der Praxis üblicher Probennahmegeräte vorgestellt.

In der Abhandlung dominieren die theoretischen Gesichtspunkte der Probennahme stark gegenüber den praktischen. Demzufolge ist das Buch auch nicht das erhoffte Nachschlagewerk und Hilfsmittel für den Technologen, Ingenieur oder Wissenschaftler der verschiedensten Disziplinen, die im Rahmen ihrer fachspezifischen Tätigkeit von Fall zu Fall vor der Frage der Probennahme stehen. Für denjenigen, der sich dagegen überwiegend mit dieser Aufgabe zu befassen hat, ist dieses Werk zweifellos eine willkommene und nützliche Zusammenfassung der Grundlagen seiner Arbeit.

J. Holzhey

Ordnung und Unordnung in der Welt der Atome

A. I. Kitaigorodski. Übersetzung aus dem Russ.; Leipzig: VEB Fachbuchverlag 1979. 200 S., 77 Abb.; Broschur M 5,50

Strukturprobleme und die damit in unmittelbarem Zusammenhang stehende Ordnung und Unordnung in der Welt der Atome sind nicht nur für Erkenntnisprozesse, sondern auch für die Praxis von Interesse und größter Bedeutung. Diesem Wissenszweig ist in den letzten zwanzig bis dreißig Jahren zunehmend besondere Beachtung geschenkt worden. Die hierbei gewonnenen Forschungsergebnisse haben zur Aufstellung neuer wichtiger Gesetzmäßigkeiten geführt, die die Struktur eines Stoffes mit seinen Eigenschaften in Verbindung bringen und eine Reihe von Erscheinungen durch die Änderungen des Ordnungsgrades in der Struktur erklären.

Dieser gesamten Problematik ist das vorliegende Büchlein gewidmet.

In lebendiger Form und sehr verständlich stellt der Autor den einen breiten Kreis im allgemeinen wohl weniger ansprechenden Stoff hochinteressant dar. Vorgänge in atomaren und Gitterdimensionen werden oft geschickt an Hand uns tagtäglich umgebender Erscheinungen oder von Prinzipskizzen verdeutlicht und damit dem interessierten Leser auch ohne tiefgreifende naturwissenschaftliche Kenntnisse nahegebracht. Auch der immer wieder geschickt dargelegte Zusammenhang zwischen atomaren und molekularen Ordnungen oder Unordnungen und den Eigenschaften bekannter und neuer Werkstoffe und Materialien macht die Schrift lesenwert.

Der Leserkreis kann sich vom Schüler ab etwa der 10. Klasse über alle an populärwissenschaftlichen Abhandlungen Interessierten, Studenten, Lehrkräften, Ingenieuren in Forschung und Praxis bis zum Wissenschaftler auf den verschiedensten naturwissenschaftlich-technischen Gebieten erstrecken.

J. Holzhey

Behaviour of Tritium in the Environment

Proceedings of a Symposium, San Francisco, 16—20 October 1979

Vienna: IAEA 1979; 712 S., div. Abb. u. Tab.; kart. ÖS 740,—

In der Zeit vom 16.—20. 10. 1978 fand zum o. g. Thema in San Francisco eine internationale Tagung statt, an der rund 220 Wissenschaftler teilnahmen und die gemeinsam von der IAEA und der OECD-MNuclear Energy Agency organisiert worden war. Im vorliegenden Band sind die 50 Vorträge einschließlich der dazu geführten Diskussionen veröffentlicht. Sie sind in 7 Unterabschnitte aufgeteilt: Verteilung des Tritiums (7 Vorträge), Abschätzung künftiger Tritium-Emissionen (3 Vorträge), Messung des Tritiums (3 Vorträge), Tritium im aquatischen Ökosystem (10 Vorträge), Tritium im terrestrischen Ökosystem (13 Vorträge), Tritium im Menschen (8 Vorträge) und Überwachungsmessungen des Tritiums (6 Vorträge). Obwohl das Spektrum dieser Tagung sehr weit gespannt war, fällt doch auf, daß dem Tritium als Umweltisotop in der Hydrologie bzw. Hydrogeologie so gut wie kein Beitrag gewidmet ist; die Beiträge, die das aquatische Ökosystem zum Gegenstand haben, zielen mehr auf die Tritiumgehalte in den darin lebenden Organismen (Plankton, Pflanzen, Fische, Mikroorganismen) ab, wie überhaupt das Verhalten des Tritiums in der Biosphäre einen deutlich erkennbaren Schwerpunkt bildet. So wären Ergebnisse über Tritium in Bäumen, die in der Nähe von Kernreaktoranlagen wuchsen, zu nennen, oder im molekularbiologischen Bereich die Tritium-Verteilung in DNS, RNS oder in Proteinen. Durch Bestimmung der Tritium-Verteilung in menschlichen Organen wurde die Abhängigkeit vom Gehalt im Leitungswasser und in der Nahrung ermittelt. So reichen die Themen vom Menschen bis zu den Ozeanen und dem Südpol der Erde. Durch diese Themenvielfalt gewinnt man den Eindruck, daß es doch nur Vorausinformationen von noch weiteren und völlig neuen Zielgebieten der Bestimmung der natürlichen Tritium-Verteilung sind; die klassisch gewordene Ermittlung des Tritiums in der Hydrosphäre kann als ausgereiftes Gebiet bereits gesondert betrachtet werden (Isotopenhydrologie bzw. -hydrogeologie). Die Tritium-Charakterisierung nur des Wassermoleküls wird zugunsten anderer Verbindungen und Stoffe verlassen: beispielsweise die Zellulose, das Methan in der Troposphäre, organisch gebundenes T in Algen, T in Lungen-, Leber- und Nierengeweben u.a.m.

Das Buch sollte in allen Bibliotheken mit kernphysikalischer und isotopentechnischer Orientierung vorhanden sein. Den mit Tritium-Messungen unmittelbar befaßten Wissenschaftler läßt es neue Anforderungen an Probenart und Probenzahl erkennen. Es ist immer wieder beeindruckend, wie kurz die Zeitspanne zwischen dem Zeitpunkt der Tagung und dem Erscheinen in Buchform ist — ein besonderer Vorzug der Proceedings Series der IAEA.

H. Hübner

Reviews on Analytical Chemistry

W. Fresenius (Ed.); Budapest: Akademiai Kiado 1977, 253 S., div. Abb. u. Tab.; M 37,50

Das vorliegende Buch enthält die 4 Eröffnungs- und 9 Plenarvorträge der im August 1975 durch die Federation of European Chem. Soc. in Budapest veranstalteten Konferenz EUROANALYSIS.

In seinem Beitrag über die Resultate und Entwicklungstrends der analytischen Chemie während der letzten 20 Jahre charakterisiert *W. Fresenius* die Leistungsfähigkeit der einzelnen Methoden von den konventionallen elektrochemischen bis hin zu den elektronenmikroskopischen hinsichtlich ihrer untersten Nachweisgrenze und möglichen Fehlerquellen. *A. Dijkstra* sieht die Zukunft der analytischen Chemie vor allem in der Entwicklung der instrumentellen Technik und der Automatisierung der konventionellen und modernen Verfahren, womit die zu ermittelnden Daten schneller verfügbar werden und auch zur unmittelbaren Regulierung von Industrieprozessen bereitstehen könnten.

Vergleicht man den in den einzelnen Aufsätzen dargestellten Entwicklungsstand beispielsweise der instrumentellen Methoden zur organischen Analyse (*J. T. Clerc*) und des Einsatzes von Computern in der analytischen Chemie (*E. Ziegler*) mit dem heute inzwischen erreichten Niveau, dann wird deutlich, daß der Termin der Konferenz eben schon 5 Jahre zurückliegt. Trotzdem sei das Buch für Analytiker als wertvolle Informationsquelle empfohlen, insbesondere wegen der Beiträge zur analytischen Chemie im Umweltschutz (*H. Malissa*) und zu den Möglichkeiten zur zweckmäßigsten Kombination der verschiedenen Analysenverfahren untereinander (*D. L. Massart, H. De Clercq* und *R. Smits*).

G. Reinhard

Radiopharmaceuticals II

Proceedings of the Second International Symposium on Radiopharmaceuticals, March 1979 in Seattle, Washington, USA

New York: The Society of Nuclear Medicine 1979; 867 S.; div. Abb. u. Tab.; $ 40,—

Seit dem ersten diesbezüglichen Symposium in Atlanta, USA, im Jahre 1974 hat eine starke Entwicklung auf dem Gebiet der Radiopharmaka stattgefunden, die eine umfangreiche Darlegung des aktuellen Standes notwendig erscheinen ließ. Unter dieser Zielsetzung behandelte das zweite internationale Symposium in den USA Themen der Entwicklung und Produktion von Radiopharmaka zur nuklearmedizinischen Diagnostik.

Die umfangreiche Thematik ist in 16 Abschnitte unterteilt: Qualitätskontrolle, organische Radiopharmaka, anorganische Radiopharmaka, Funktionsszintigraphie, Zentralnervensystem, Radioimmunoassay, Onkologie, Hämatologie, Pharmakokinetik, Nieren, Myokard, RES/hepatobiliäres System, Skelett, Schilddrüse, Pankreas/Prostata/Nebenniere, Radionuklidproduktion. Sie werden jeweils mit einem Übersichtsartikel eingeleitet, an die sich insgesamt 53 Einzelmitteilungen anschließen. Eine Paneldiskussion über arzneimittelrechtliche Aspekte vervollständigt die Monographie.

Im Vordergrund der Ausführungen steht die Chemie der Radiopharmaka sowie die tierexperimentelle Charakterisierung des biologischen Verhaltens der verschiedenen radioaktiven Verbindungen. Gegenstand des Buches ist also nicht die Darlegung klinischer Ergebnisse, sondern eine komplexe chemisch-radiopharmakologische Betrachtung von Radiopharmaka. Die sehr schnell erschienene Publikation mit zahlreichen Abbildungen und Tabellen stellt einen außerordentlich instruktiven Leitfaden für alle Interessenten aus den Gebieten der Isotopenproduktion, Radiopharmazie, Radiopharmakologie und Nuklearmedizin dar.

B. Johannsen

Gastroenterologische Endoskopie

Lehrbuch und Atlas

R. Ottenjann, M. Classen (Hrsg.); Stuttgart: Ferdinand Enke Verlag 1979; 348 S., 836 Abb., 64 Tab.; Leinen DM 298.—

Kaum ein Gebiet der Medizin hat innerhalb kurzer Zeit eine so stürmische Entwicklung durchgemacht wie die gastroenterologische Endoskopie. Vor etwas mehr als 20 Jahren hat *Hirschowitz* mit der Einführung des Fibergastroskops in die Diagnostik diesen Prozeß eingeleitet, in dessen weiterem Verlauf immer mehr Teile des Verdauungskanals der betrachtenden Untersuchung zugänglich gemacht wurden. Die Methoden wurden über ursprünglich rein diagnostische Verfahren mit photographischer Befunddokumentation hinaus zur operativen Endoskopie weiterentwickelt. So sind Polypenabtragung und Sphinkterotomie heute endoskopisch möglich. Dadurch können den Patienten eingreifendere Operationen erspart werden. Andererseits wurden in der Zwischenzeit auch die vorläufigen Grenzen für die einzelnen endoskopischen Verfahren mittels Fiberoptiken erkannt, wobei die Entwicklung auf diesem Gebiet sicher noch nicht abgeschlossen ist, sondern weitere diagnostische und therapeutische Möglichkeiten in der Zukunft erschlossen werden dürften.

Obwohl über die einzelnen endoskopischen Verfahren bereits hervorragende Monographien vorliegen, scheint in der gegenwärtigen Situation eine zusammenfassende Darstellung angebracht. Dieser Aufgabe haben sich unter der Herausgeberschaft von *Ottenjann* und *Classen* eine Reihe namhafter, erfahrener Endoskopiker aus der BRD, der Schweiz, Großbritannien, Japan und den USA angenommen. Ihr Lehrbuch und Atlas der gastroenterologischen Endoskopie behandelt die Fiberendoskopie (Ösophagogastroduodenoskopie, Duodenoskopie und retrograde Cholangio-Pankreatographie, Fiberintestinoskopie und Koloskopie), die konventionelle Endoskopie mit starren Instrumenten (Rektoskopie und Laparoskopie) sowie die perkutane Leberbiopsie und die blinde Dünndarmsaugbiopsie. Ein gesondertes kurzes Kapitel ist der notfallmäßigen Laparoskopie gewidmet.

Bei jedem Untersuchungsverfahren werden Methodik, Instrumentarium, Indikationen, Kontraindikationen, mögliche Komplikationen und die Vorbereitung des Patienten eingehend beschrieben und dann systematisch die Befunde bei den einzelnen Erkrankungen dargestellt. Der Wert eines Lehrbuches und insbesondere eines Atlas' der Endoskopie wird wesentlich von der Güte und der Zahl der Abbildungen bestimmt. In diesem Punkt ist das vorliegende Werk ausgezeichnet. Es enthält Schwarz-Weiß-Aufnahmen von Endoskopen und Zusatzinstrumentarium, typische Röntgenaufnahmen, instruktive schematische Abbildungen — u. a. zur jeweiligen Endoskoplage —, einige Aufnahmen von Resektionspräparaten und histologischen Schnitten sowie eine Vielzahl von hervorragenden Farbaufnahmen von endoskopischen Befunden. Hier sind allenfalls bei einigen wenigen qualitative Abstriche vorzunehmen. Aber jeder, der selbst endoskopiert und photographiert, weiß, daß trotz moderner Technik nicht jede Aufnahme in vollendeter Perfektion gelingt, was immer dann bedauerlich ist, wenn es sich um seltene Befunde handelt. Diese Einschränkung mindert jedoch keineswegs den hervorragenden Eindruck des endoskopischen Atlas'.

Den Herausgebern ist es gelungen, aus den Beiträgen der verschiedenen Autoren ein homogenes Gesamtwerk zu formen. Vermutlich geht die von der sonstigen Konzeption des Buches abweichende Aufteilung des Koloskopie-Kapitels in drei Einzeldarstellungen (Technik und Geschichte; Entzündliche Dickdarmerkrankungen; Kolonkarzinom und Varia) auf den Umstand zurück, Autoren mit besonderer Erfahrung auf den jeweiligen Gebieten zu Wort kommen zu lassen. Es ist unmöglich, einen Beitrag besonders hervorzuheben, sie sind durchweg von gleicher, sehr guter Qualität. Die Ausstattung durch den Verlag ist vortrefflich, der verhältnismäßig hohe Preis scheint dadurch gerechtfertigt.

Die „Gastroenterologische Endoskopie" kann uneingeschränkt all denen empfohlen werden, die sich mit der Diagnostik und Therapie von Erkrankungen des Magen-Darm-Kanals und seiner Anhangsgebilde befassen. Dem endoskopisch Erfahrenen kann sie als Nachschlagewerk dienen, dem Lernenden als ausgezeichnetes und umfassendes Lehrbuch, dem nicht selbst endoskopierenden Gastroenterologen (Internist, Chirurg) als informative Bestandsaufnahme. Dem Röntgenologen schließlich, der in der Diagnostik stets gefragter Partner des Gastroenterologen und bei der retrograden Pankreatographie vielerorts unmittelbarer Partner bei der Endoskopie ist, erleichtert die Kenntnis der Methodik und der endoskopischen Bilder die Deutung seiner Befunde.

K. Diwok

Radiometrische Anreicherung von Rohstoffen ohne natürliche Radioaktivität

V. A. Mokrousov, V. A. Lileev. Moskau: Verlag „Nedra", 1979. 192 S. 44 Abb., 45 Tab., 200 Lit. (in Russ.); broschiert Rubel 0,65

Schon kurze Zeit nach dem Ende des Zweiten Weltkrieges wurde die radiometrische Anreicherung von Uraniumerzen erfunden. Sie beruht darauf, daß das Fördererz an einem Strahlungsmeßgerät vorbeigeführt wird und die einzelnen Körner oder Steine nach dem Betrag der Gammastrahlung als „taub" oder „haltig" unterschieden werden. Der Gedanke liegt nahe, dieses Verfahren auch auf nichtradioaktive Rohstoffe anzuwenden, indem man das Fördergut einer Teilchen- oder Wellenstrahlung aussetzt und die unterschiedliche Reaktion der im Gut enthaltenen Minerale zur Trennung ausnutzt. Solche Strahlungen können beispielsweise Ultraviolett, weiche Gammastrahlung (Röntgenstrahlung), thermische Neutronen oder Radiowellen sein.

Das vorliegende Buch, das zwei aus der Literatur bekannte Fachleute geschrieben haben, gibt einen umfassenden und gründlichen Überblick über den gegenwärtigen Stand dieses Gebietes, das in den vergangenen 20 bis 25 Jahren in vielen Ländern zu hoher technischer Reife entwickelt worden ist.

Fachleute der physikalischen Aufbereitung, Bergbauwissenschaftler, Physiker und Geophysiker werden dieses Buch mit Gewinn lesen.

K. H. Köhler

The Heritage of Nuclear Medicine

New York: Society of Nuclear Medicine 1979. Hrsg.: M. Brucer u. a.; 167 S., div. Abb. u. Tab.; Karton. $ 14,50

Anläßlich des 25jährigen Bestehens der (USA-) „Society of Nuclear Medicine" (1954—1979) wurde dieses „Erbe der Nuklearmedizin" zusammengestellt und herausgegeben. Es besteht aus für das Fachgebiet grundlegenden Veröffentlichungen von 1886 (*William Crookes*) bis 1959. Nach Möglichkeit wurde originalgetreuer Nachdruck, einschließlich der Abbildungen, angestrebt, anderssprachige Artikel ins Englische übertragen. Die von den Herausgebern ausgewählten Beiträge sind chronologisch angeordnet.

Wenn man auch über die getroffene Auswahl geteilter Meinung sein kann — englische und amerikanische Autoren wurden meiner Meinung nach bevorzugt berücksichtigt —, so ist diese Zusammenstellung mehr als nur eine interessante Lektüre, verbunden mit den Namen berühmter Wissenschaftler, wie z. B. *Becquerel*, *Rutherford*, *Hevesy*, *Fermi* usw. Sie führt nochmals vor Augen, mit wie einfachen Mitteln grundlegende wissenschaftliche Erkenntnisse zu gewinnen waren.

Durch den Titel der Broschüre kommt man unwillkürlich zur Besinnung und zum Nachdenken darüber, in wie verschiedener Weise dieses wissenschaftliche Erbe genutzt aber auch mißbraucht wurde. Die sich stürmisch entwickelnde Nuklearmedizin gehört sicherlich mit zu den besten Sachwaltern. — Eine in vielfältiger Hinsicht anregende Lektüre für alle auf diesem Fachgebiet Tätigen.

B. Potschwadek

Nuclear Cardiology

Selected Computer Aspects

1978 Symposium Proceedings — Atlanta, Georgia, January 22—23, 1978

New York: The Society of Nuclear Medicine 1978, 203 S., div. Abb. u. Tab.; karton.

Der vorliegende Band enthält 20 Vorträge des Symposions. Die quantitative Bestimmung der Ejektionsfraktion und die qualitative Darstellung der Herzwandbewegung stehen dabei im Vordergrund. Durchführung und Bewertung dieser Untersuchungen mit der Boluspassage und der EKG-getriggerten Studien im Verteilungsgleichgewicht erfordern ein Verständnis der grundlegenden physikalischen Annahmen, auf denen sie beruhen. Ziel des Symposions war es unter anderem, die Gültigkeit dieser Annahmen zu prüfen und die Grenzen der gegenwärtigen Methoden zu diskutieren.

Beide Techniken liefern gut übereinstimmende Ergebnisse der Ejektionsfraktion des linken Ventrikels in Ruhe und unter Belastung. 25—30 Bilder pro Herzzyklus erscheinen für diese Untersuchungen als ausreichend.

Vielfach wurde auf Fehlermöglichkeiten hingewiesen. So besteht nur in erster Näherung Proportionalität zwischen Impulsrate und Ventrikelvolumen, was zu kleinen aber systematischen Fehlern führt. Schwankungen der Herzfrequenz bei Patienten mit Sinusrhythmusstörungen ergaben keine signifikanten Abweichungen, während bei Patienten mit Herzkammerflimmern praktisch keine gültigen Aussagen möglich sind. Die größte Fehlerpuelle besteht nach wie vor in der Bestimmung des Untergrundes.

In einer beträchtlichen Anzahl von Fällen kann der Rechner selbst den linken Ventrikel abgrenzen und damit die ,,Region of Interest" festlegen. Für genaue Bestimmungen sollte sie in ihrer Ausdehnung mitpulsieren; ein Vorgang, der nur vom Rechner geleistet werden kann.

Leider wurden die Diskussionen nicht in den Band aufgenommen, dessen Studium allen auf diesem Spezialgebiet der Nuklearmedizin tätigen Wissenschaftlern und Ärzten empfohlen werden kann.

B. Potschwadek

Isotopes and Radiation in Research on Soil-Plant Relationships

IAEA, Vienna 1979 (Proceeding Series STI/PUB/501); 660 S., div. Abb. u. Tab.; ÖS 950, –

Dies ist der veröffentlichte Bericht der 4. Internationalen Tagung über das gleiche Thema, die gemeinsam von der IAEA und der FAO organisiert wurde und vom 11. bis 15. Dezember 1978 in Colombo (Sri Lanka) stattfand. An der Tagung nahmen 67 Wissenschaftler aus 19 Ländern und 3 internationalen Organisationen teil; es wurden 45 Vorträge gehalten, die einschließlich der dazu geführten Diskussionen nun veröffentlicht vorliegen.

Von den wesentlichen Wechselbeziehungen zwischen Boden und Pflanzen sind die Makronährstoffe N und P und von den Mikronährstoffen Zn, Fe, Co mit Hilfe der Isotopentechnik gut erfaßbar und finden deshalb in einer Reihe von Beiträgen ihren Niederschlag; daneben werden auch einige spezielle Wechselbeziehungen beschrieben: ^{22}Na bei Versalzungen von Böden, ^{75}Se-Aufnahmen beim Mais, ^{131}J-Aufnahmen durch Obstbäume. Einige wenige Arbeiten sind den Umwandlungen von organischen Verbindungen in der Bodenzone gewidmet, für welche sich naturgemäß die bewährte ^{14}C-Technik anbietet. Daß für einen solchen Themenkreis die Bewegung des Wassers in der Bodenzone ein entscheidendes Kriterium für den Ionentransport ist, steht außer Frage, was in einigen Arbeiten über die Hydrodynamik des Wassers in der Bodenzone deutlich zum Ausdruck kommt.

Versucht man die Frage zu beantworten, was diese Art von wissenschaftlichen Zusammenkünften so auszeichnet, dann kann wohl bleibend festgehalten werden: eine noch überschaubare Zahl an Vorträgen, eine Aktualität der wissenschaftlichen Fragestellungen, die neue Gedanken und neues Herangehen in Gang zu setzen vermögen und eine beachtenswert kurzfristige Herausgabe der Vorträge und Diskussionen durch die Veranstalter. So liegt eine weitere Schrift der ,,Proceedings Series" der IAEA mit langer Tradition und bestem Effekt für alle Wissenschaftler vor, die problemorientiert auf dem Gebiet der friedlichen Nutzung der Atomenergie arbeiten. Bodenkundlern, Pflanzenphysiologen und Agrarwissenschaftlern kann der vorliegende Band empfohlen werden.

H. Hübner

A systematic study on the isotope fractionation occurred in the isotopic exchange reaction has been carried out by means of ion exchange chromatography using uranyl-carboxylate complex formation reactions. On a cation exchange resin column, an isotropic plateau holding displacement chromatogram has been performed and the magnitudes of the isotope effects have been determined for the three cases of uranyl-carboxylate, uranyl-acetate, uranyl-tartrate, and uranyl-citrate. The element separation coefficients were found to be 0.8×10^{-4} for acetat ligand, 1.2×10^{-4} for tartrate ligand, and 1.8×10^{-4} for citrate ligand. The enrichment of ^{235}U in relation to ^{238}U was observed in the uranyl-Carboxylate complexes in all times.

Letters to the Editor

A. K. Lavroukhina, R. I. Kousnetsova, S. A. Lavrentyeva, M. Chajka

Analysis of Meteorite Material by Neutron Activation (*in Russian*)

Isotopenpraxis **16** (1980) No. 9, p. 298 to 301
1 Fig., 1 Tab., 14 Ref.

A. K. Lavroukhina, V. A. Alekseyev, W. W. Malshev

Determination of ^{53}Mn in Cosmic Material through Neutron Activation (*in Russian*)

Isotopenpraxis **16** (1980) No. 9, p. 301 to 304
1 Fig., 2 Tab., 12 Ref.

From Practice

H. Bornhak, K. Hirschberg, K. Jung

IAEA Training Courses on ^{15}N Application Held in the Central Institute of Isotope and Radiation Research of the GDR Academy of Sciences

Isotopenpraxis **16** (1980) No. 9, p. 304 to 305
2 Fig., – Tab., – Ref.

Information

Isotopenpraxis **16** (1980) No. 9, p. 306 to 308

New Books

Isotopenpraxis **16** (1980) No. 9, p. 309 to 312

С помощью выполненной с использованием реакций образования уранилкарбоксилатовых комплексов ионообменной хроматографии осуществлено систематическое исследование возникающего в связи с изотопообменной реакцией изотопического эффекта. На катионитной колонне была снята хроматограмма смещения изотопического плато; при этом были определены значения изотопического эффекта применительно к уранилацетату, уранилтартрату и уранилцитрату. Были установлены элементарные коэффициенты разделения в размере $0{,}8 \cdot 10^{-4}$ по ацетату, $1{,}2 \cdot 10^{-4}$ по тартрату и $1{,}8 \cdot 10^{-4}$ по цитрату. В каждом случае определялось обогащение ^{235}U по отношению к ^{238}U в уранилкарбоксилатовом комплексе.

Письма в редакцию

А. К. Лаврухина, Р. И. Кузнецова, З. А. Лаврентьева, М. Чайка

Нейтроноактивационный анализ метеоритного вещества (*на рухxк. языке*)

Isotopenpraxis **16** (1980) вып. 9, стр. 298 до 301
1 рис., 1 табл., 14 лит.

А. К. Лаврухина, В. А. Алексеев, В. В. Мальшев

Нейтроноактивационное определение ^{53}Mn в космических телах (*на русск. языке*)

Isotopenpraxis **16** (1980) вып. 9, стр. 301 до 304
1 рис., 2 табл., 12 лит.

Из практики

Х. Борнхак, К. Хиршберг, К. Юнг

Курсы обучения МАГАТЭ по применению ^{15}N, проведенные в Центральном Инсититуте по Изотопной и Радиационной Технике Академии Наук ГДР

Isotopenpraxis **16** (1980) вып. 9, стр. 304 до 305
2 рис., – табл., – лит.

Новости

Isotopenpraxis **16** (1980) вып. 9, стр. 306 до 308

Новая литература

Isotopenpraxis **16** (1980) вып. 9, стр. 309 до 312

Contents of this Issue